every girl is nymph

# 全民女神

## 精彩演绎至美化妆术

Yenki（李韵妍）编著

人 民 邮 电 出 版 社

北 京

**图书在版编目（CIP）数据**

全民女神：精彩演绎至美化妆术 / Yenki编著. --
北京：人民邮电出版社，2015.12
ISBN 978-7-115-40135-9

Ⅰ．①全… Ⅱ．①Y… Ⅲ．①化妆－基本知识 Ⅳ.
①TS974.1

中国版本图书馆CIP数据核字(2015)第259683号

## 内 容 提 要

本书以专业化妆知识与手法为核心，融入创新的化妆元素，使化妆在突出人物五官特点的基础上，更加注重其自身的气质与风格。本书从基础的护肤知识入手，对底妆、眼妆、眉妆、腮红和唇妆的打造进行了具体的分解，并根据不同的风格展示了17款妆容的详细教程，最后呈现了 6 款创意妆容的完全解析。

全书讲解详细，重点突出，步骤清晰，配图完整，并穿插以提示内容，非常适合零基础的化妆者学习使用。本书在讲解化妆技法的同时，还能够让读者结合自身的特色和所处的场合来打造适合自己的完美妆容。

◆ 编　著　Yenki（李韵妍）

　　责任编辑　赵　迟

　　责任印制　程彦红

◆ 人民邮电出版社出版发行　　北京市丰台区成寿寺路 11 号

　　邮编　100164　　电子邮件　315@ptpress.com.cn

　　网址　http://www.ptpress.com.cn

　　北京盛通印刷股份有限公司印刷

◆ 开本：889×1194　1/20

　　印张：9.4

　　字数：384 千字　　　　　　　　　2015 年 12 月第 1 版

　　印数：1－3 000 册　　　　　　　2015 年 12 月北京第 1 次印刷

定价：49.00 元

**读者服务热线：(010)81055410　印装质量热线：(010)81055316**
**反盗版热线：(010)81055315**

## 女为悦己者容

在古代，女性往往习惯于为了自己喜欢的人而精心打扮；而现在，女性的爱美之心已经达到了一个新的境界，她们会为了取悦自己而精心打扮。不管怎样，从古至今，打扮是女人永恒的天性。

在日常生活中，经过精心打扮的女人会容光焕发，同时也会获得外界的赞美和欣赏，从而让自己更加从容和自信；在宴会中，精致好看的面容会给人留下好印象，同时也会让你显得楚楚动人；而在职场中，女人装扮后优雅得体的形象也会让自己拥有一份专属美。所以不管在什么时候，女人都不能放弃追求美的权利。而作为一名专业化妆师，除了用自己的技术服务于客人外，我也希望根据自己多年的经验编写一本专业的化妆教程书，将美丽传播出去，令更多爱美的人能从平凡的自我向"女神"进阶，让每个人都能拥有变美的机会，最后成就一个更美的自己。

● **跟着变靓魔术师追求美，绝对没有错！**

如果你认识曾经的Yenki，你就会知道她今天成功的原因。人人都爱美，人人都在追求美。但要将追求美作为自己的终生事业，除了要有天分以外，更需要坚持不懈的努力和敢于创新的精神。成功不是偶然的，而是无数个日日夜夜的辛勤耕耘、努力付出换来的。Yenki是我的挚友，是我的同学，更是天生的变靓魔术师。也借此机会感谢她对《娱乐·品味》周刊的化妆技术的支持。同时，衷心地祝愿她的新书大卖！

广东广播电视台媒体人　农蕙伶

● **想要收获更多美丽魔法，就该拥有这本书！**

初识Yenki，她一身酷酷的装扮和及腰的紫色长发，高冷又略带些许神秘气息，令我至今印象深刻。

与其说Yenki是彩妆师，我觉得称她为艺术家会更贴切。她对色彩调配的敏感，对妆容搭配的创意，无不彰显其艺术气质。她总是创意无限，很多突如其来的小心思总能为她的化妆造型锦上添花，给我们带来意外和惊喜。她很年轻，却在彩妆界取得非凡的成就，除了天赋，更在于努力。每一次与她合作，我都能感受到她对于工作的专注，她能在最短的时间内完成最棒的妆容，令我相信"快工也能出细活"。

当我知道Yenki要出版自己的化妆书时，我立刻表示无条件的支持，包括在书中担任她的模特，以及写下这一篇推荐。她是如此热爱彩妆事业，并愿意将所有关于"美丽"的内容与大家分享；我是如此幸运，可以见证这件美妙的事情发生。而我也相信，这本书一定能让正在阅读的你收获更多的美丽。

南方电视台主持人/滚石移动艺人　李玥彤（cicy）

# 目录 Contents

## 01 好肤质成就好妆容

**皮肤保养的重要性 / 8**
洁肤产品的类型及作用 / 9
护肤产品的类型及作用 / 10
**减少化妆对皮肤的危害 / 15**
**皮肤的护理方法 / 16**
日间皮肤护理方法 / 17
夜间皮肤修复方法 / 18
**卸妆的正确方法 / 19**
面部卸妆 / 19
眼部卸妆 / 20
唇部卸妆 / 21

## 02 底妆打造技巧

**认识底妆产品及工具 / 24**
底妆产品的认识 / 24
底妆工具的认识 / 28
**打造完美底妆 / 30**
光泽感裸透肌 / 31
完美无瑕雾面妆 / 34
**黑眼圈的完美遮瑕方法 / 38**
**底妆脱妆问题及解决方法 / 41**

## 03 眼妆打造技巧

**眼妆产品的认识 / 44**
眼线产品 / 45
眼影产品 / 47
美目贴产品 / 49
假睫毛产品 / 50
**眼线打造技巧 / 54**
基础眼线的画法 / 54
妩媚拉长式眼线 / 56
开眼头式眼线 / 58
上扬眼线 / 60
全包围眼线 / 62
眼线问题处理技巧 / 65
**眼影打造技巧 / 66**
眼妆色彩基础知识 / 67
不同眼影的打造技巧 / 69
**美目贴粘贴技巧 / 75**
美目贴的基本使用方法 / 75
不同眼形美目贴的粘贴技巧 / 76
**假睫毛粘贴技巧 / 84**
假睫毛与眼妆的关系 / 85
假睫毛基础粘贴方法 /86
**基本眼形问题处理技巧 / 90**
单眼皮 / 90
下垂眼 / 90
上扬眼（凤眼） / 90
双眼间距过宽 / 90

## 04 眉妆打造技巧

眉妆产品的认识 / 92

眉毛的基本结构 / 94

眉形与脸形的关系 / 95

弯眉 / 95

弓眉 / 95

一字眉（平眉） / 95

眉毛的基本画法 / 96

## 05 腮红与修容技巧

腮红产品的认识 / 98

腮红与脸形的关系 / 99

画腮红的基本方法 / 100

腮红粉的使用 / 100

腮红膏的使用 / 102

腮红与修容的关系 / 104

基础修容的方法 / 105

腮红与妆效搭配关系 / 107

知性优雅蜜桃肌 / 107

甜美迷人粉嫩肌 / 108

## 06 唇妆打造技巧

唇妆产品的认识 / 110

基础唇妆的画法 / 112

不同风格的唇妆打造 / 113

自然水润唇 / 113

妩媚经典红唇 / 115

日系裸色唇 / 119

## 07  全民变女神

**彩调青春 / 122**
甜蜜粉调 / 122
活泼黄调 / 126
优雅蓝调 / 130
瞩目彩虹调 / 133
美艳红调 / 136

**生活物语 / 140**
时尚美魔女 / 140
复古女王范儿 / 144
妖媚Party女神 / 147
甜蜜女主角 / 150
挚爱假期 / 153
迷离小电眼 / 156
恋上初夏 / 160
情迷复古风 / 164

**职业贵族 / 167**
冷艳女高层 / 167
办公室小清新 / 170
白领俏佳人 / 173
灵感SOHO族 / 176

## 08  妆点大爆炸

年代复古 / 180
怀旧波普 / 181
Cat Eyes / 182
铿锵蕾丝 / 183
遇见彩虹 / 184
天与地 / 185
Gloss Eyes / 186

**策划/编辑**

| 策划编辑 | 曹祥莉 | | |
|---|---|---|---|
| 执行编辑 | 曹祥莉 | 美术编辑 | 胡蕊 |

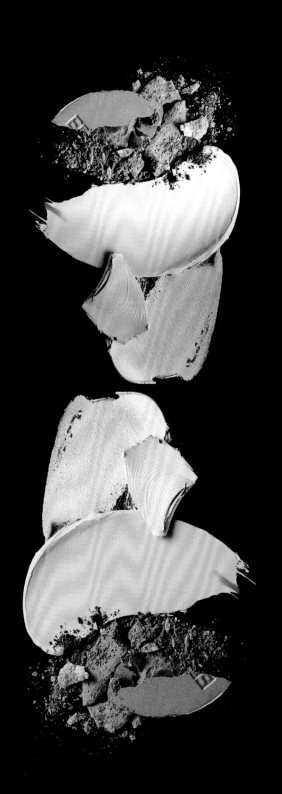

# 01

## 好肤质成就好妆容

皮肤保养的重要性

减少化妆对皮肤的危害

皮肤的护理方法

卸妆的正确方法

## 皮肤保养的重要性

　　对于女生来说，追求美是她们的天性。每个人都有不同的基因，面容不可能天生都完美无瑕。而化妆刚好可以尽量弥补这方面的缺陷，让我们不管在日常生活中还是在职场里都可以将自己最好的一面展现出来，让我们变得更加大方、自信、从容、年轻和迷人，几近完美！

　　如此说来，拥有好的皮肤是好妆容的基础。妆容效果的好坏不仅取决于化妆品的好坏，还在于皮肤的日常护理和保养。因此，日常护肤品的正确选择和使用也显得同样重要，好的皮肤可以令底妆更加伏贴和持久。当我们为了让自己拥有好的肌肤而盲目地选择琳琅满目且昂贵的化妆品时，平日里也应该懂得如何护理与保养自己的皮肤。

## ●●● 洁肤产品的类型及作用

皮肤的清洁是皮肤护理的第一步。我们的肌肤每天都在遭受着来自自我分泌和外界的各种各样的细菌污染，如运动后体内分泌的油脂、汗水，以及外出时所接触的灰尘、废气等，另外还有化妆后皮肤所吸附的各类化妆品的有害成分等。这些意味着我们每天睡前都必须彻底清洁皮肤，以保持皮肤的干爽和洁净，这样才能让皮肤的毛孔不被堵塞，让皮肤得到更好的呼吸和水分吸收。

在日常生活中，我们常用的洁肤产品主要有以下几种。

洗面奶：于卸妆后清洁用，使用时可产生丰富的泡沫，成分较温和。最好选择含有平衡皮肤酸碱度成分的洗面奶，以防止皮肤缺水。

卸妆水（乳）：一般在卸妆时使用，成分较温和。主要是利用非水溶性成分与皮肤上的污垢的相互作用，达到卸妆的目的。

卸妆油：一种添加了乳化剂的油脂类卸妆产品，以油溶油的原理达到卸妆的目的。使用后一般需要再使用洗面奶进行二次清洁，以保持皮肤的干洁清爽。使用时不要对皮肤过度按摩，否则会使皮肤表面的垃圾被皮肤再次吸收，从而伤害皮肤。

卸妆霜：去污能力较强，可深度清洁皮肤上及毛孔中附着的细微颗粒类垃圾，成分较好的产品还可以缓解或防止洁肤对敏感性肌肤造成的伤害。

洁肤露：泡沫不是太多，一般适合干性或者易生痘痘的皮肤的清洁使用。

卸妆洁肤巾：一种较为方便的卸妆产品，一般在出差或旅游时使用。

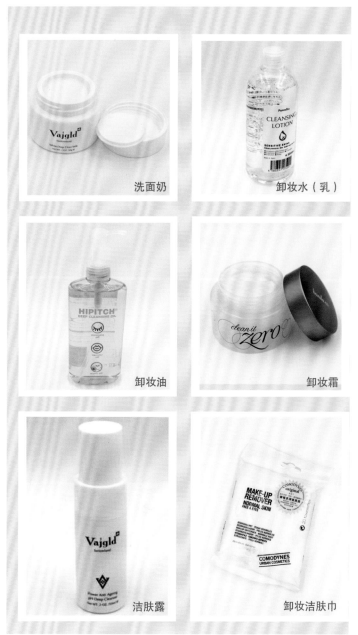

洗面奶

卸妆水（乳）

卸妆油

卸妆霜

洁肤露

卸妆洁肤巾

# ●●●· 护肤产品的类型及作用

目前，护肤话题越来越被人们尤其是年轻女性所关注，甚至成为一门值得深入研究的学问。当众多女性面临着皮肤问题时，少部分女性会盲目地去化妆品店选购相应的化妆品，以解救自己的皮肤，而大部分女性都开始更加理性地看待护肤品的质量保障和安全性。专业机构对皮肤的结构和生理作用的研究已更深入化和专业化，目前市面上很多化妆品的护肤性能更具有针对性，种类也日益繁多起来。下面我们来认识常用护肤品的类型及作用。

### ★ 调肤平衡水

化妆水按护肤的特点及用途可分为爽肤水、柔肤水、调理水、收缩水、保湿水、紧肤水等。其基本功能包括保湿和补充肌肤水分，调节皮肤的pH，以及收缩毛孔，让皮肤变得紧致等，从而使皮肤的吸收能力更强，且更易于上妆。

### ★ 精华素

精华素是保养类化妆品里营养成分最高的单品，使用时其浓缩的精华成分可针对性地对不同肌肤产生高度保湿、美白、紧致等作用，可让肌肤在最短的时间内得到足够的滋养，以促进皮肤的新陈代谢，延缓肌肤衰老，令皮肤更加富有弹性，且显得更加柔滑和细腻。尤其是具有特殊医疗价值的医用性精华液，使用后还会令我们受损的皮肤重获健康。

### ★ 乳液（护肤乳液）

乳液最大的作用在于保湿和锁住肌肤水分，因此在护肤保养过程中，乳液的使用是必不可少的一步。乳液可分为水包油和油包水两种类型。水包油类乳液产品使用时容易被皮肤吸收且质感清爽，适合油性或混合类肌肤使用；油包水类乳液产品使用时则不容易被肌肤所吸收，而且容易产生油腻感，但其锁水能力相对强一些，一般适用于干性等容易缺水的肌肤。

调肤平衡水

精华素

乳液（护肤乳液）

## ★ 面霜

　　面霜一般分为日霜与晚霜两种，主要起到滋润肌肤、补充肌肤养分并延缓衰老的作用。日霜作为皮肤日间的"保护层"，能隔离有害物质对肌肤的损害，防止肌肤吸附负担过重并能延缓衰老；晚霜的油分含量较高，主要起夜间修复作用，同时促进肌肤的新陈代谢，使其更好地吸收水分，从而得到更好的防护和滋润。另外，美容养肤的黄金时间一般为晚上22:00~凌晨2:00，同时此段时间也是肌肤新陈代谢、吸收养分与排出废物的最佳时间。所以，日常生活里我们除了需按时护肤之外，足够的睡眠对于养肤也显得尤为重要。

## ★ 眼霜

　　眼霜属于专门的眼部护理产品，主要作用是舒缓疲劳的眼部神经，促进眼部微循环系统，可有效预防、减弱和祛除眼纹、眼袋及黑眼圈，同时有延缓眼部肌肤衰老等功效。

目前市面上的面膜种类繁多。按性质可分为自然花草类面膜、泥膏型面膜、乳霜型面膜、棉布式保养面膜等；按作用可分为自然补水面膜、美白型面膜、睡眠面膜等。这些面膜的主要原理都是利用面膜覆盖在脸部的短暂时间，暂时隔离外界的空气与污染物，提高肌肤的温度，使皮肤的毛孔得到扩张，然后促进细胞的新陈代谢，及时补充细胞所需的营养成分，使皮肤得到足够的滋养，恢复皮肤的弹性和透明感，并赋予肌肤张力，从而防止肌肤产生皱纹，抵抗肌肤衰老。同时，面膜可让肌肤在与外界隔离的同时，令毛孔自然打开，从而吐出污物，将皮肤内的老化角质及废物清除干净。建议一星期使用面膜2~3次，如需用精华素面膜对皮肤做密集护理，则可每天使用。

**棉布面膜**

一般是将精华融入到棉布里面，使棉布可以紧紧地贴在皮肤上，让清洁后的皮肤能很好地吸收棉布中的水分和养分。棉布类面膜使用起来也非常方便，既适合家用，也适合出差、旅游时使用。

**水洗泥膏面膜**

一般是将膏体直接敷于皮肤上使用，黏度较高。在使用时它可以粘掉深层的坏死细胞，从而清洁毛孔，一般用水冲洗干净即可。

**睡眠面膜**

一般为膏体状，它可以长时间地停留在面部，直至肌肤将其养分充分吸收。使用方便，一般不需要清洗。

**自制面膜**

以营养成分较单一的水果、蜂蜜或鸡蛋为主要原材料制成的面膜，一般直接敷于脸上使用。它的优点是可以自制，使用起来比较健康；缺点是产品的成分没有经过科学提炼和合成，分子颗粒较为粗大，营养成分不够全面。

**★ 防晒产品**

防晒产品基本上可分为防晒乳和防晒霜两种类型。其主要作用是吸收和反射紫外线，防止皮肤被紫外线晒伤，同时防止晒黑，从而起到保护肌肤的作用。

此外，如果选用含有不同防晒指数的修颜乳，或功效特别的防晒产品，不仅可以起到防晒的作用，还能掩盖面部的瑕疵，并调整肤色，增加五官的立体感，同时也可起到隔离作用，减弱化妆品对皮肤的伤害。

## Tips

如何选择适合自己的护肤品？

当下护肤品的种类越来越多，消费者选择起来也容易盲目，因此如何选择适合自己的护肤品成为值得思考的问题。首先，必须清楚地了解自己的皮肤问题，如痘痘、过敏等都是由皮肤真皮层发炎引起的，针对此类皮肤问题我们就需要挑选含分子较小的护肤品，这样养分才能到达真皮层以治疗皮肤。如果选用分子较大的护肤品，养分只能停留在表皮层，而不能真正被吸收，反而会堵塞毛孔，使皮肤无法正常呼吸，皮肤问题也会越来越严重。

# 减少化妆对皮肤的危害

化妆品对皮肤的危害问题一直都困惑着很多想化妆但又怕伤害皮肤的女生。到底化妆是否会伤害皮肤？答案是肯定的。不管多名贵的彩妆品，都会含有矿物油、氧化锌等化学成分，只要使用都会对皮肤造成或多或少的伤害。但即便如此，我们也可采取相应的方法和措施避免和减少对皮肤造成的危害。如果我们想化妆，又希望保持最好的皮肤状态，就务必做好防御工作。首先，选择合适好用的化妆品是第一步；要正确做好妆前护肤工作，包括皮肤补水、锁水、隔离等；要采取正确的化妆步骤，及时卸妆，做到彻底清洁，使皮肤保持干爽并有足够的时间呼吸；及时做好妆后皮肤的保养和修复，让皮肤回到自然的好状态。当将这些防御工作都做好后，我们不仅可以以最美的妆容示人，同时也可以将化妆品对皮肤的伤害值降到最低。

除此之外，为避免化妆品对皮肤造成直接或间接的伤害，引起皮肤过敏等现象，平时我们要注意以下几点。

Top1：无论你是以浓妆示人，还是以淡妆出场，都需要做好对皮肤裸层的保护。在化妆前可以使用相应的隔离和防晒产品，同时建议使用防护性能较好的日霜。

Top2：夜间切忌带妆睡觉。睡前务必将妆面卸除干净，让皮肤充分得到放松和休息。如长期让皮肤被各种化妆品所附着，容易堵塞毛孔，使皮肤负担过重，从而无法得到正常的呼吸。平日应适当让皮肤得到放松和休息，如不外出时可不用化妆，同时多做一些皮肤保养工作，给予皮肤养分，保持皮肤的年轻自然状态。

Top3：在选购化妆品时需学会识别劣质化妆品，认真查看化妆品的监督标识等内容。此外，平日里我们已经在使用的化妆品也应随时留意其有效期限。化妆品过期一般都会有以下现象：化妆品的颜色由原来的正常色变为黑色、黄色或褐色，另外会出现气泡和怪味，以及表面呈现异色和霉斑等。一般的护肤品有效期限为3~4年。

Top4：对于皮肤容易过敏的人，要尽量挑选不含刺激成分或具有过敏治愈性的护肤品来使用。目前造成皮肤过敏的原因非常多，而且非常复杂，因此若出现皮肤过敏现象需将其原因调查清楚，然后才可针对性地使用相关护肤品或药品对其进行有效的修复。

# 皮肤的护理方法

每个人的皮肤性质各不相同，因此想要养护好皮肤，首先要了解自己的皮肤特点，这样才能针对性地去保养皮肤和解决问题。

## ★ 中性皮肤

皮肤特征：中性皮肤是最完美的一种皮肤类型，其水油平衡保持较好，一般呈不干不油的状态。

护肤方法：妆前护肤主要着重保湿即可。

中性皮肤

## ★ 干性皮肤

皮肤特征：干性皮肤易出现表皮干燥的现象，严重的话还会脱皮，且伴随有干纹、细纹产生。

护肤方法：此类型皮肤妆前应着重加强保湿，充分滋润皮肤，增加表皮的柔软度和皮肤的吸收力。

干性皮肤

## ★ 油性皮肤

皮肤特征：油性皮肤是油脂分泌最旺盛的一种皮肤。主要特点呈现为毛孔粗大，且易长痘。

护肤方法：此类型皮肤妆前需做好皮肤控油工作。很多人认为只要不停地使用控油产品就可以，而常常忽略保湿，实际上皮肤越容易出油就越容易干燥。所以针对此类皮肤，在使用控油产品抑制油脂分泌的同时还必须加强保湿，用水分去维持皮肤水油平衡才是最好的控油方式。平日里可选择清爽控油类洗面奶按时清洁皮肤，然后再选用含水量高的保湿乳液来进行护肤。

油性皮肤

## ★ 混合性皮肤

皮肤特征：混合性皮肤是干油结合的一种皮肤，同时也是最为复杂的一种皮肤。一般脸部T区部分油脂分泌较旺盛，而脸颊、眼周及嘴部周围却出现干燥缺水的现象。

护肤方法：此类皮肤的妆前护理需要针对性地分开进行，将控油和保湿工作相结合。春夏季节的保湿产品应该以清爽为主，秋冬季节则需要选用滋润度高的产品来使用。

混合性皮肤

## ★ 敏感性皮肤

皮肤特征：敏感性皮肤的特点是容易泛红，且皮肤较薄，容易泛红血丝。

护肤方法：此类型皮肤妆前应选择抗敏性较好且不含刺激成分的护肤品，日间可使用防御性能较好的日霜，夜间再使用修复类产品。皮肤敏感的女生在饮食上也需注意，避免食用容易令人过敏的食物。

敏感性皮肤

## 日间皮肤护理方法

日间皮肤养护主要在于保湿和防晒。为了尽可能地避免皮肤因化妆、外出或工作而受到各种各样的污染和侵蚀，就需要加强防御和保护。

### Step 01

洁面：使用洗面奶产品将皮肤彻底清洁干净。

### Step 02

涂抹调肤水：用化妆棉蘸取适量调肤水，从额头开始轻轻擦拭面部，以调节皮肤的pH，保持水油平衡，为后续皮肤能更好地吸收护肤品中的养分打好基础。

### Step 03

涂抹防晒乳或防晒霜：为皮肤做好日间防护。蘸取适量面霜，按皮肤纹路的方向均匀涂抹，直至被皮肤全部吸收。

## ●●● 夜间皮肤修复方法

　　夜间皮肤修复主要在于彻底清洁皮肤，使皮肤保持干爽，让皮肤能得到正常的呼吸，同时让夜间高能量的护肤品养分被皮肤更好地吸收，从而让皮肤恢复到自然年轻的状态。

### Step 01

　　洁面：使用洗面奶产品将皮肤彻底清洁干净。

### Step 02

　　涂抹调肤水：用化妆棉蘸取适量的调肤水，从额头开始轻轻擦拭面部，以调节皮肤的pH，保持水油平衡，为后续皮肤能更好地吸收护肤品中的养分打好基础。

### Step 03

　　涂抹精华素：用指腹蘸取适量精华素，按皮肤纹路的方向均匀涂抹；可用双手轻轻按压皮肤，直至被皮肤全部吸收。

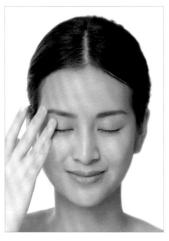

### Step 04

　　涂抹眼霜：用指腹蘸取适量眼霜，在眼周以按压的形式均匀涂抹，直至被皮肤全部吸收。

### Step 05

　　涂抹面霜或乳液：用指腹蘸取适量的面霜或乳液，按皮肤纹路的方向均匀涂抹，直至被皮肤全部吸收。

# 卸妆的正确方法

如果想要每天都以最好的面容和姿态示人，护肤是前提。好肤质成就好妆容，卸妆和化妆相比同等重要。卸妆工作做得越好，皮肤的清洁就越彻底、越干净。干净的皮肤才能得到正常的呼吸，并更好地吸收护肤品中的养分。皮肤得到深层的滋润和养护，才能一直都保持年轻自然的状态。

## 面部卸妆

面部卸妆是卸妆工作中最主要的部分。将整张脸的彩妆彻底卸除，卸妆才算完成。一般选用卸妆油或卸妆乳等针对面部使用的卸妆产品进行卸妆。

*Step 01*

挤出适量的卸妆油，置于手中或化妆棉上，然后用蘸有卸妆油的指腹或化妆棉轻轻按摩脸部，以便用卸妆产品将彩妆完全溶解。注意细小的地方，如鼻翼、嘴角、发际等处需要彻底按摩。

*Step 02*

蘸取适量的清水，将卸妆油乳化。乳化过程对于卸妆是非常重要的，是溶解脸上残留化妆品的重要步骤。

*Step 03*

待卸妆油与彩妆完全溶解后，用清水将面部冲洗干净，若有必要可以重复1~2次，直到彻底清洁为止。

## ◐● ◑ 眼部卸妆

　　眼周肌肤是我们全身皮肤最薄的部位，因此正确地卸除眼妆显得格外重要。建议选择水油分离的眼部专用卸妆液，这种卸妆液比较温和且不刺激，可以更好地保护我们的眼部肌肤。

**HOW TO** 　眼部卸妆

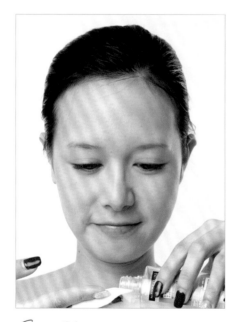

*Step 01*

　　先摇一摇卸妆液，保持水油混合，然后取一片化妆棉，将适量的卸妆液轻轻倒在化妆棉上，并确保将化妆棉全部浸湿。

*Step 02*

　　闭上眼睛，将完全浸湿的化妆棉轻轻敷于眼部，然后等待10~20秒，让卸妆液慢慢溶解眼妆的杂质。如使用了防水的化妆品，则有必要将时间延长一点。

*Step 03*

　　最后用小棉签蘸取卸妆液，轻轻擦拭睫毛根部等相对难以卸除的部位，以确保能完全将眼妆清洁干净。

## ●●● 唇部卸妆

卸妆前

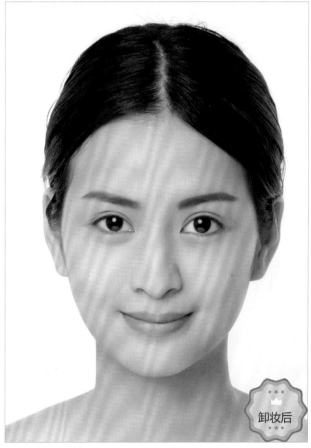

卸妆后

唇部卸妆

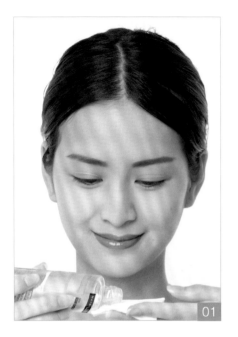

*Step 01*

将适量的唇用卸妆液倒在化妆棉上。

*Step 02*

将蘸有卸妆液的化妆棉轻轻敷在唇部，大约等待20秒后，用卸妆棉轻轻将唇部的口红拭去，如果囗红颜色较深，可适当延长等待的时间。

*Step 03*

将嘴唇向两侧平拉开，仿佛发出"一"的音，以便将唇部的褶皱打开。然后将新的蘸有卸妆液的化妆棉再次置于唇上，以同样的方法再次进行擦拭和卸除。

*Step 04*

擦拭之后若唇部褶皱中仍有口红残留，可用小棉签蘸取适量的唇部卸妆液，以与唇部垂直的方向仔细擦拭，直至将唇妆彻底卸除干净。

# 02

## 底妆打造技巧

认识底妆产品及工具
打造完美底妆
黑眼圈的完美遮瑕方法
底妆脱妆问题及解决方法

# 认识底妆产品及工具

想要打造出精致完美的底妆效果，选择好的底妆产品和底妆工具是前提。下面我们来介绍打造基础底妆所需要的产品和工具。

## 底妆产品的认识

目前，市面上的底妆产品种类繁多，要想从一大堆底妆产品中挑选出适合自己的产品确实不易。下面我们来了解底妆产品的分类及作用。

### ★ BB霜

BB霜最早是为面部整容后的人遮瑕所用，现已风靡全球，受到诸多女性的青睐。BB霜既有隔离的作用，也能修饰脸上的瑕疵。但美中不足的是颜色的种类比较少，因此很难取代传统的粉底液。

★ **妆前隔离霜**

隔离霜，也叫"妆前底霜"。一款好的隔离霜，可以保护我们的皮肤不被化妆品本身所附含的化学物质伤害，避免皮肤受到紫外线的伤害及灰尘等污染物的侵蚀，令肌肤在上妆前的保湿度再次提高，并修饰肤色，让肌肤显得更加柔滑，也使上妆后粉底与肌肤显得更加伏贴。

使用方法：直接用指腹蘸取使用。

肤色隔离霜：调整肤色不均，遮盖脸部的小瑕疵，适合各类肤色。

绿色隔离霜：修饰面部发红及带有红血丝的皮肤。

紫色隔离霜：修饰面部发黄的皮肤。

---

**Tips**

调色隔离霜仅针对肤色严重偏黄或偏红者使用，使用时需谨慎，若使用不当则会让肤色显得过白而不自然。

**粉底液（liquid foundation）**

　　粉底液是水分含量相对较多的底妆产品，适合皮肤状态较好的女生。其湿润度高，粉底厚薄适中，遮瑕度适中，使用率较高。

　　使用方法：用化妆棉或粉底刷蘸取使用。

**粉底霜（cream foundation）**

　　粉底霜比粉底液更浓稠，质地类似乳霜，适合皮肤需要注重遮瑕的女生。粉底霜遮瑕度高，同时滋润度也较高，但相对粉底液来说较显厚重。

　　使用方法：用化妆棉或粉底刷蘸取使用。

**粉底膏/粉条（foundation stick）**

　　粉底膏为固体状，质地是所有底妆品里最厚重的，遮瑕度极高，但妆效不自然，通常用于旧式的化妆。

　　使用方法：用粉底刷蘸取使用。

**Tips**

应该如何选择适合自己的粉底？

好的粉底需具备四大特性，即质地细腻、防水性好、遮盖力佳及附着力强。

虽说"一白遮百丑"，但现代化妆绝对不是越白越好，而是追求自然。底妆偏白会显得不自然，还会增加年龄感。因此，我们要根据自己的肤色来选择合适色号的粉底。一般欧美人适合偏红的粉底色，而亚洲人较适合偏黄的粉底色。

## ★ 遮瑕膏

在打造完美底妆时，遮瑕产品的使用是必不可少的。一款好的遮瑕产品能帮助我们很好地遮盖黑眼圈、斑点、痘印等瑕疵。另外在遮瑕产品当中，遮瑕膏的遮瑕度最高，所以建议选择遮瑕膏。

遮瑕膏颜色的选择和粉底一样，一定要符合自己的肤色，有必要时可用深浅两色遮瑕膏调节后再使用，能使遮瑕的效果更佳。如黑眼圈较严重，可以先用黄色遮瑕膏在眼圈处薄薄涂上一层，再进行后续的打底。

使用方法：用手指或遮瑕刷蘸取使用。

## ★ 定妆产品

定妆是完成整个底妆最关键的一步。它可以让底妆更加持久、干爽而不油腻。尤其是涂抹了湿粉底和遮瑕产品后，一定要定妆才能算是完整的底妆打造。

在底妆打造中我们一般选用散粉（蜜粉）来定妆。散粉的颜色需要和粉底的颜色一致，不能过白或者过暗。散粉的粉质越细腻，定妆后的妆感越显细致和光滑。

定妆产品主要分亚光与珠光两种类型。亚光散粉适合用于日常妆容，使用后面部光泽柔和；珠光散粉含珠光颗粒成分，使用后可使面部充满光泽感，且通透自然。

使用方法：用粉扑或定妆刷蘸取使用。

### 干湿两用粉饼

干湿两用粉饼的作用是快速补妆，它可以瞬间对面部皮肤遮瑕并盖掉油光。但因其质地为粉状，相对湿粉底较干，所以不适合用于干性皮肤。

# ●● 底妆工具的认识

在化妆过程中，化妆工具的选择与化妆产品的选择同等重要。好的化妆工具可以让我们的化妆工作事半功倍，妆效更佳。

## ★ 化妆海绵和干粉扑

**化妆海绵**

化妆海绵是湿粉底上妆的常用工具。因为湿粉底具有水分，所以必须选择吸水性强的海绵类粉扑来配合使用。化妆海绵有菱形、三角形之分，而一般三角形的化妆海绵更容易操作。化妆海绵使用后需按时清洗，保持干爽和清洁，避免细菌污染。

**干粉扑**

干粉扑为绒面质地，是散粉定妆的常用工具，它可以更好地附着散粉，使上妆后的湿粉底和遮瑕膏显得更加伏贴，令妆容更加持久。另外，在化妆时也可将其作为垫衬使用，避免化妆操作时花妆。

## ★ 散粉扫

散粉扫是用于蘸取散粉进行定妆的常用工具。和干粉扑不同的是，散粉扫定妆的效果更显透薄自然，适合为状态较好的肌肤定妆。

## ★ 遮瑕刷

遮瑕刷主要用于蘸取遮瑕膏进行面部遮瑕，其刷头有较宽的和较窄的两种。刷头较宽的主要使用在黑眼圈位置，而较窄的主要使用在痘痘位置。在化妆中使用遮瑕刷的好处是可以更加精准地遮盖脸部的瑕疵，使底妆更显精致与完美。

# 打造完美底妆

　　精致完美的妆容，是需要耐心和毅力才能打造出来的。对于化妆，除了自身"底子"要好，也不能忽略稳定的底妆。那些经不起油脂和汗液的摧残，或者短短几小时妆容就完全失效的，都是失败的底妆。如果肤质本身较好，溶妆了还可以在吸油之后重新补妆以维持好的效果；但如果是本来就需要遮瑕的皮肤，出油溶妆之后就会变成大花脸。因此，想要稳定的底妆就必须做好保湿和控油工作，打好底妆并遮瑕到位。能将妆效长时间保持住的，才算是成功的底妆。

## ●● 光泽感裸透肌

　　光泽感裸透肌，顾名思义就是看上去要有水灵剔透的感觉。底妆细腻，不会感到厚重，突出脸部轮廓，而不需要太多的色彩修饰。在打造此类底妆时可适当选用珠光系列的底妆产品，能及时提升底妆的通透感和立体感。完成的妆容看似接近裸妆，却在小部位花足了心思，再糟糕的皮肤状态也能立马得到改善。

打造光泽感裸透肌

★ 打造方法

*Step 01*

用化妆棉蘸取保湿化妆水擦拭面部，以达到清洁角质层和补水的目的。

*Step 02*

将妆前保湿乳液均匀涂抹于脸部并轻轻按摩1分钟，加强皮肤表层的保湿度并锁水，让皮肤更加水润、富有光泽感。

*Step 03*

将适量带有珠光成分的隔离霜涂抹于面部，并用三角海绵扑轻轻推匀，直至皮肤完全吸收。

*Step 04*

将适量的合适颜色的粉底液涂抹于面部，然后按额头→双颊→下巴的顺序用指腹轻轻打圈涂抹，并均匀推开。因手指带有温度，可让粉底与肌肤更加伏贴，质感透薄，富有光泽感。

*Step 05*

用遮瑕刷蘸取适量的合适颜色的遮瑕膏，在泪沟处轻轻晕开，确保遮瑕到位。

*Step 06*

同样蘸取适量的合适颜色的遮瑕膏，在眼尾处轻轻晕开，让眼睛看起来更加有神。

*Step 07*

蘸取适量的遮瑕膏，遮盖嘴角等暗沉部位，令底妆看起来更加干净无瑕。

*Step 08*

用散粉刷蘸取带有珠光成分的散粉，轻轻涂扫于面部，进行定妆，使底妆更加透薄，富有光泽感。

**Tips**

想让底妆看起来具有光泽感，首先要做好皮肤护理，然后还可以选用带有珠光成分的隔离霜和粉底液按1：3的比例进行调和后使用，瞬间便会让底妆拥有珍珠般的光泽感。

## 完美无瑕雾面妆

　　雾面妆的效果呈亚光状态，覆盖度高，妆感较好，看似朦胧，且零油光，所以被称为雾面妆。对于爱出油的皮肤来说，妆容很难持久，溶妆是无法避免的事情。因此正确选择底妆产品及正确把握妆面需求是打造零油光肌肤的前提。首先需确保妆前护理到位，皮肤的水分越足就越不容易出油；然后是选择控油类的隔离霜，以时刻保持皮肤清爽而不油腻；最后要选择亚光类的底妆产品打造完美底妆，保持一整天都不出油、不花妆的好状态。

## HOW TO 打造完美无瑕雾面妆

*Step 01*

用化妆棉蘸取保湿化妆水擦拭面部，以达到清洁角质层和补水的目的。

*Step 02*

选取清爽且富含水分子的妆前保湿乳液，均匀涂抹于脸部并轻轻按摩1分钟，加强皮肤的保湿度，减少出油状况，同时达到锁水的目的。

*Step 03*

选取清爽控油类的隔离霜涂抹于面部，可在T字部位和毛孔较粗大的部位选用膏体类的控油隔离霜，并将其均匀推开。

*Step 04*

　　用三角形海绵湿粉扑蘸取合适颜色的粉底液，以按压的方式在脸部均匀涂抹开。

*Step 05*

　　用遮瑕刷蘸取适量的合适颜色的遮瑕膏，在泪沟处轻轻涂抹开，确保遮瑕到位。

*Step 06*

　　同样蘸取适量的合适颜色的遮瑕膏，在眼尾处轻轻涂抹开，让眼睛看起来更加有神。

*Step 07*

蘸取适量遮瑕膏遮盖嘴角等暗沉部位，令底妆看起来更加干净无瑕。

*Step 08*

用指腹蘸取遮瑕膏，在毛孔较粗大或有痘痘的位置做重点遮瑕处理。

*Step 09*

用圆形散粉扑蘸取适量散粉进行定妆，定妆时注意从需要重点遮瑕的部位开始均匀按压面部。用散粉扑定妆比用散粉扫定妆稍显厚重，但妆效更持久，底妆更无瑕，且极具雾面精致效果。

**Tips**

如何进行皮肤控油？

　　想控制脸部油脂的分泌，妆前皮肤护理尤为重要。保湿度越高，油脂分泌就越少。因此针对皮肤容易出油的女生，在粉底液的使用上建议尽量选择亚光控油类产品，而避免使用带有珠光成分的粉底产品。

　　为了追求自然妆感，是否任何肌肤在打底时都越薄越好？

　　粉底的厚薄度应由皮肤好坏来决定。皮肤状态较好的，粉底就可以薄一点；但如果皮肤不够光洁，伴有痘印等瑕疵，则需要用粉底和遮瑕膏进行充分遮瑕，相对来说底妆要厚重一些。想要追求完美无瑕的底妆，还是需要根据肤色和肤质来决定其厚薄程度，而不能一概而论。

# 黑眼圈的完美遮瑕方法

　　造成黑眼圈现象的原因有很多，如遗传、不良生活习惯等，如果经常熬夜、抽烟或喝酒，黑眼圈的情况就会尤为严重，其他原因还包括卸妆不彻底，使化妆品残留等。要想消灭黑眼圈，就要从生活的点滴之处做起，保证充足的睡眠，并改掉经常喝酒和抽烟的习惯。同时日常卸妆要彻底，可使用针对眼部的专用卸妆产品，卸妆时动作要轻柔。

　　针对黑眼圈的遮瑕，就是将黄色遮瑕膏涂抹在黑眼圈上，将其中和至与脸部肤色相近的颜色，以达到遮瑕的目的。

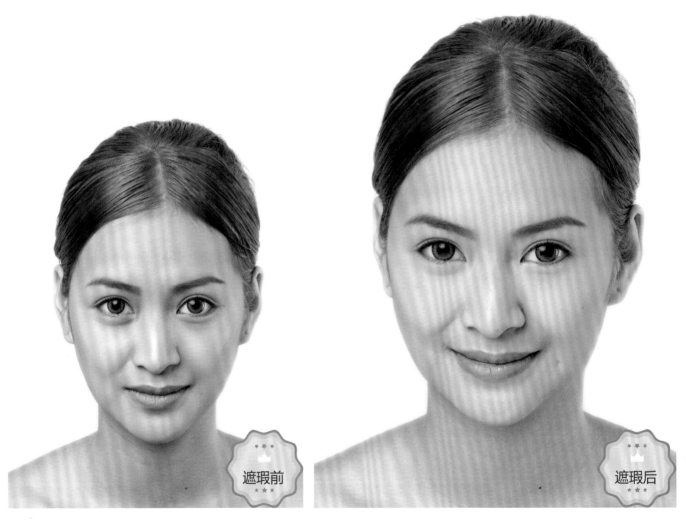

遮瑕前

遮瑕后

**★ 遮瑕步骤解析**

**HOW TO** 遮瑕

*Step 01*

用指腹将黄色遮瑕膏均匀推开，直至完全覆盖住黑眼圈的部位。

*Step 02*

用遮瑕刷蘸取适量的黄色遮瑕膏，轻轻涂扫在黑眼圈最严重的位置。

*Step 03*

蘸取适量和粉底色一致的遮瑕膏，用遮瑕扫轻轻涂抹在黄色遮瑕膏上面。

*Step 04*

用指腹在黑眼圈位置均匀地按压，以增加遮瑕膏的伏贴度。

*Step 05*

用指腹蘸取适量肤色遮瑕膏，均匀按压至眼尾位置，以确保黑眼圈能被完全覆盖住，让眼睛变得有神。

*Step 06*

用圆形散粉扑蘸取适量散粉，在眼圈位置进行定妆，让遮瑕效果更持久。

# 底妆脱妆问题及解决方法

　　再完美的底妆，经长时间油脂分泌及汗水侵蚀，同样也会出现脱妆的问题。如遇上脱妆和溶妆问题，我们该如何快速地解决呢？

## HOW TO　解决底妆脱妆

### ★ 方法一：散粉补妆

*Step 01*

　　用纸巾将干粉扑包起来，然后局部按压脸部出油的地方，以有效快速地吸走脸上的油分。

*Step 02*

　　用干粉扑蘸取适量散粉，在出油的地方轻轻按压。

*Step 03*

　　用散粉刷蘸取适量散粉，进行全脸涂扫，完成定妆。

**Tips**

　　如果脸上泛油光，切记不要使用吸油纸。因为吸油纸不仅会吸附掉油分，还会将皮肤表皮的水分带走，令补妆后的肌肤变得更加干燥。这时候可先用纸巾将多余的油分吸走，然后用散粉轻轻按压，散粉可让底妆及时恢复到雾面无油光状态。

★ 方法二：粉饼补妆

*Step 01*

　　用手指在溶妆处轻轻按压，将粉底按压均匀。

*Step 02*

　　用粉饼扑蘸取适量粉饼，在溶妆处轻轻按压，将溶妆处的边缘位置覆盖均匀和完全。

*Step 03*

　　重复按压2~3层，让底妆更持久。

**Tips**

　　干湿两用粉饼具有不错的遮瑕效果，可快速对脱妆部位补妆，让底妆恢复到自然状态。使用时注意粉饼颜色需和底妆颜色一致，不宜过白。

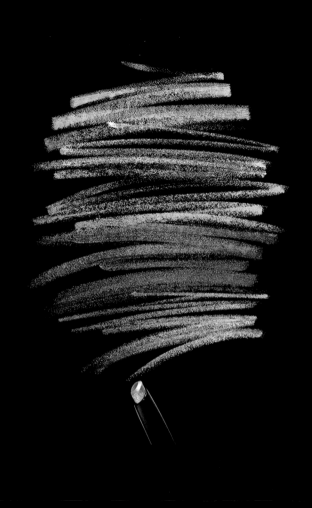

眼线打造技巧

眼影打造技巧

美目贴粘贴技巧

假睫毛粘贴技巧

基本眼形问题处理技巧

# 眼妆产品的认识

眼妆是妆容中最为复杂的部分，需要使用的眼妆产品与工具也种类繁多。下面我们就来总结打造眼妆的产品。

# ◐◑○ 眼线产品

　　眼线是眼妆的点睛之笔。它不仅能提升眼妆的整体效果，同时我们还可以利用眼线对不同的眼形进行矫正与调整。例如常见的大小眼、下垂眼和三白眼等，还有容易水肿的眼皮，都能一一通过眼线得到矫正。另外，不同形态的眼线能表达不同的风格，但眼线基本要求都在于利落、规整和干净，这样才能为整体眼妆添姿着色。

## ★ 眼线笔

　　眼线笔是多数人喜欢使用的眼线产品，操作简单，较适合化妆入门者使用。但用眼线笔画出的眼线较容易溶妆，持久性较差。

## ★ 眼线液笔

　　用眼线液笔描绘出来的线条明显且利落，色泽浓重，防水性和防油性较好，妆效持久。但笔头比眼线笔软，所以操作起来比眼线笔难。

## ★ 眼线膏

　　眼线膏需要配合眼线刷一起使用。眼线膏描绘出来的线条比较明显，色泽浓重，可以做出晕染渐变，防水性和防油性较好，妆效持久。但操作起来比眼线笔难，且膏体易干，不宜长期保存。

★ 水溶眼线

　　水溶眼线是将水与眼线粉调和，使其形成液态再使用。可根据需要调和颜色的深浅度，同时需用眼线刷配合使用。效果自然，但不防水。

★ 眼线粉

　　眼线粉一般为深黑色，需要用斜头眼线刷配合使用，使用后眼线效果柔和自然，但不能用于矫正眼形。

## Tips

　　该如何正确选择眼线工具？

　　初学者可选用质地较硬的眼线笔，更容易操作和上手。眼睛周围易出油和内双眼皮的女生，建议选用眼线液或眼线膏等防水度较高的眼线产品，让妆容更持久。

　　该如何选择合适的眼线产品？

　　选择眼线笔时，可将眼线笔在手背上适当描绘几下，容易显色的笔代表笔芯软，较好使用，如果不易显色或笔芯太硬则不宜选择。选择眼线液时，需要选择快干且笔头吸水流畅的，可直接把眼线液画在手背上，数秒后再进行擦拭，如不易擦拭掉则宜选择，反之亦然。

# 眼影产品

眼影产品是眼部化妆品中种类最多、颜色最丰富的产品，其作用主要为丰富眼部颜色，使眼睛显得更加立体有神，使眼妆效果更佳。且不同的眼影颜色可与相应的妆面风格、服装、美甲等搭配，让整体造型显得更加出彩。

**★ 眼影**

眼影粉：眼影产品当中最常用的化妆品之一，操作简单，且方便快捷，一般需要眼影刷配合使用。

眼影膏：眼影膏质地水润，通常在舞台妆容上比较常用。

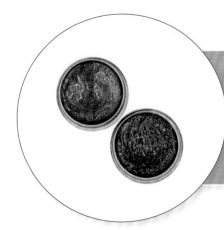

眼影笔：眼影笔质地为膏体，特点是颜色饱和度高，且操作方便，但颜色种类较少。

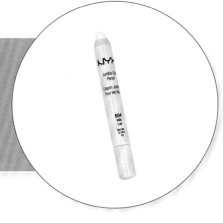

扁头眼影刷：比较常用的一种眼影刷，其作用是可使晕染后的眼影颜色较为集中，一般在需要提高眼影颜色的饱和度时使用。

圆头眼影刷（短毛）：其作用是将眼影晕染开来，它是加强眼影渐变感的必备工具。

圆头眼影刷（长毛）：其作用是可以大范围地晕染眼影颜色，适合在打造烟熏妆的时候做加强效果使用。

海绵眼影刷：其特点是较容易使眼影附着在眼睑上，使眼影着色更加明显，注意不宜做晕染效果使用。

# ●●●○ 美目贴产品

　　美目贴的作用主要是调整双眼皮。它主要针对内双、大小眼等有问题的双眼皮进行矫正，是亚洲人眼形调整最重要的矫形工具之一。市面上的美目贴产品主要可分为以下四种。

透明美目贴

肤色类美目贴

**★ 透明美目贴**

　　此种美目贴为表面光滑的美目贴，使用后美目贴痕迹不明显，但不易着粉。

**★ 肤色类美目贴**

　　此种美目贴为纸质美目贴，使用后效果自然不反光，着色力较好。

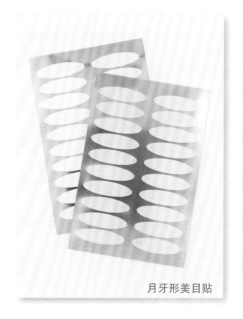

月牙形美目贴

双眼皮胶水

**★ 月牙形美目贴**

　　此种美目贴不用修剪，可直接使用，使用时方便快捷，适合一般化妆者使用。

**★ 双眼皮胶水**

　　双眼皮胶水的使用原理是利用胶水的黏性，直接塑造出一条双眼皮褶痕，从而打造出神奇的双眼皮效果。

# 假睫毛产品

假睫毛是打造眼妆的必备神器,它能使眼睛变得更大,且立体有神。另外不同类型的假睫毛还可打造出不同风格的眼妆,突出不同风格的妆面效果。

**★ 假睫毛**

日常款假睫毛:此浓度的假睫毛适合普通日常妆容使用,也是常规的假睫毛。

浓密款假睫毛:浓密款的假睫毛适合打造晚妆及烟熏妆使用,可以令眼睛放大而有神。

眼尾拉长款假睫毛:前短后长款的假睫毛会令眼尾拉长,使眼妆整体效果具有妩媚感。

★ 睫毛夹

平口睫毛夹

不锈钢睫毛夹

平口睫毛夹：此睫毛夹特点是体积小，易携带。夹睫毛的夹口弧度较扁平，甚至几乎没有弧度，适合所有亚洲人使用，特别是化妆入门者。它可以完全贴合亚洲人的眼窝轮廓，将每根睫毛都夹到位，同时也不容易夹到眼皮。

不锈钢睫毛夹：此睫毛夹为常见的一种睫毛夹。特点是夹睫毛的夹口弧度较大，适合眼窝轮廓较深的人使用。相对平口睫毛夹，它无法完全贴合扁平的眼窝弧度，操作起来较难，不小心则容易夹到眼皮。

局部睫毛夹

睫毛电热棒

局部睫毛夹：局部睫毛夹的作用是将不容易夹到位的眼部睫毛进行局部夹取处理，使卷翘的睫毛显得更加自然。

睫毛电热棒：睫毛电热棒是利用高温将睫毛烫卷，使用后睫毛卷翘效果自然，但不持久。

白色睫毛底膏：白色睫毛底膏属于打底类睫毛膏，一般在黑色睫毛膏前使用。此种睫毛膏富含长纤维成分，使用后可以有效拉长睫毛。

梳子刷头睫毛膏（小刷头）：梳子刷头睫毛膏容易刷出根根分明的睫毛，使睫毛不容易打结，而且能涂刷到每根睫毛，特别适合睫毛较稀疏且较短的人，同时适合化妆入门者。

螺旋刷头睫毛膏（大刷头）：螺旋刷头睫毛膏属于较常见的睫毛膏类型。其特点是刷头相比梳子刷头睫毛膏的刷头大一点，适合睫毛条件较好的人使用，刷出来的睫毛效果较浓密。但使用大刷头睫毛膏需格外小心，初学者使用很容易弄花眼周。

### ★ 睫毛胶

睫毛胶是佩戴假睫毛的必备用品，可以起到辅助粘贴假睫毛的作用。

### ★ 睫毛钳

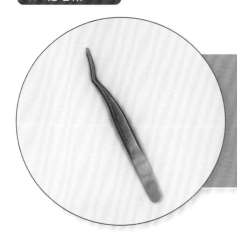

睫毛钳可帮助我们更加精确地粘贴假睫毛，并调整其弧度。

### ★ 睫毛剪

睫毛剪的主要用途是根据化妆需要修剪出长度合适的假睫毛。

# ━ ●● 眼线打造技巧

　　眼线是基础眼妆中重要的一部分。画眼线不仅可以使我们的眼睛变得深邃有神，同时还可以根据不同的眼形问题做出合适的矫正，令眼妆更加完美。

　　画眼线主要涉及眼睛的两大部位，即内眼线处和外眼线处。内眼线位于睫毛根部，且包括睫毛与睫毛之间的空隙处，描绘内眼线能使双眼更加深邃自然。外眼线位于紧挨睫毛根部的位置，描绘外眼线能起到矫正双眼的作用，并能放大双眼，使其更有神。

## ●●◦ 基础眼线的画法

　　想要打造出精致好看的眼妆，画好眼线是第一步。若想要根据不同的眼妆风格打造出不一样的眼线效果，就必须先掌握基础眼线的画法。

## HOW TO 画基础眼线

### Step 01

画眼线前需确保底妆干净，黑眼圈、眼尾等处要遮瑕到位，眼周要干爽清洁。

### Step 02

用左手轻轻提拉眼皮，直至能清晰地看到睫毛根部，然后用黑色眼线笔轻轻描绘内眼线，描绘时需注意将睫毛与睫毛间的空隙填满，避免留白。

### Step 03

用黑色眼线液或眼线膏描绘上外眼线，描绘时需确保眼线自然流畅，且粗细适中。

### Step 04

正视前方，确认眼形，用黑色眼线液或眼线膏为上眼线利落收尾，眼尾处需微微上扬。

### Step 05

用浅咖啡色眼线笔描绘下内眼线，以增加其层次感。

### Step 06

用浅咖啡色亚光眼影描绘下外眼线，描绘时确保眼线自然柔和。

## 妩媚拉长式眼线

　　此款眼线能够让人具有女神般的感觉，其主要特点是眼线干净利落，在眼尾处适当加粗并拉长，让眼睛变得更加立体深邃，且具有时尚感和女神范儿。

## HOW TO 画妩媚拉长式眼线

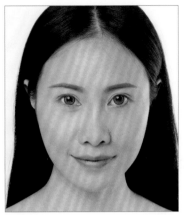

### Step 01

　　画眼线前需确保底妆干净，黑眼圈、眼尾等处要遮瑕到位，眼周要干爽清洁。

### Step 02

　　用左手轻轻提拉眼皮，直至能清晰看到睫毛根部，然后用黑色眼线笔轻轻描绘内眼线，描绘时需注意将睫毛与睫毛间的空隙填满，避免留白。

### Step 03

　　用黑色眼线液描绘出外眼线的基础长度，以确定眼形。

### Step 04

　　正视前方，用黑色眼线液轻轻拉出上扬的眼尾，然后对左右眼线做出适当修整，确保长度和角度合适。

### Step 05

　　用黑色眼线液按照之前定位的长度轻轻加深眼线，并稍稍将其加粗。

### Step 06

　　正视前方，调整眼形，将眼尾处的眼线适当画尖。最后调整眼线的形状和弧度，确保左右对称。

## 开眼头式眼线

开眼头式眼线的运用主要针对眼距过宽的人。眼距过宽会使人显现出柔弱、眼神不集中的感觉。而开眼头式的眼线可拉近两眼间的距离，使眼睛瞬间有神而出彩。

## HOW TO 画开眼头式眼线

*Step 01*

画眼线前需确保底妆干净，黑眼圈、眼尾等处要遮瑕到位，眼周要干爽清洁。

*Step 02*

用左手轻轻提拉眼皮，直至能清晰地看到睫毛根部，然后用黑色眼线笔轻轻描绘内眼线，描绘时需注意将睫毛与睫毛间的空隙填满，避免留白。

*Step 03*

用黑色眼线液或眼线膏描绘上外眼线，注意粗细需适中。

*Step 04*

用黑色眼线液在眼头位置再次描绘，描绘时注意要粗细适中，不宜过长。

*Step 05*

用黑色眼线笔描绘下内眼角，同时注意要粗细适中，且自然流畅。

## 上扬眼线

　　上扬眼线主要运用在出席主题派对的妆容当中，它可让女生变得知性而优雅，同时让妆面颇具复古感。

**HOW TO** 画上扬眼线

*Step 01*

画眼线前需确保底妆干净，黑眼圈、眼尾等处要遮瑕到位，眼周要干爽清洁。

*Step 02*

用左手轻轻提拉眼皮，直至能清晰地看到睫毛根部，然后用黑色眼线笔轻轻描绘内眼线，描绘时需注意将睫毛与睫毛间的空隙填满，避免留白。

*Step 03*

用黑色眼线液或眼线膏描绘上外眼线，注意要粗细适中。

*Step 04*

正视前方，用黑色眼线液将眼尾处的眼线外延并微微上扬地拉出0.8cm~1cm。注意收笔要利落，眼尾不能太长或太翘。描绘完后确保眼线线条自然流畅，且左右眼睛的眼线效果一致。

## ●●● 全包围眼线

　　运用全包围眼线可让女生有种叛逆而美艳的感觉，它与烟熏眼妆是最佳搭配。描画此眼线时需注意，上下眼线要完美衔接，描画完成后需再利用眼影来柔和线条，从而让眼睛变得柔美有神。

## HOW TO　画全包围眼线

*Step 01*

　　画眼线前需确保底妆干净，黑眼圈、眼尾等处要遮瑕到位，眼周要干爽清洁。

*Step 02*

　　用左手轻轻提拉眼皮，直至能清晰地看到睫毛根部，然后用黑色眼线笔轻轻描绘内眼线，描绘时需注意将睫毛与睫毛间的空隙填满，避免留白。

*Step 03*

　　用黑色眼线液或眼线膏描绘上外眼线，注意要粗细适中。

## Step 04

正视前方，调整上眼线的长度并利落收尾。

## Step 05

用小号眼影扫蘸取黑色眼线粉或眼影粉，在下眼尾处做适当晕染，使之与上眼线自然衔接。

## Step 06

用小号眼影扫蘸取黑色眼线粉或眼影粉，在下眼头至下眼睑中部均匀涂抹，直至完全包围眼部轮廓，涂抹时切忌将眼睛框得太死，要确保眼睛自然深邃。

## ●●○○ 眼线问题处理技巧

描画眼线时我们会遇到各种各样的问题，那遇到这些问题我们应该如何解决呢？

Top1：想要把眼线描绘得标准和流畅，下笔时不宜太用力，只需轻轻带过即可。

Top2：若眼线画花了，或描绘出的眼线不是自己想要的形状，可用棉签蘸取少许卸妆乳液或护肤乳液，擦掉需要修改的地方，然后重新打底和定妆，最后描画眼线。

Top3：如果想让眼线更持久，可在眼线画好后用同色的眼影粉在原先的眼线位置再描绘一次，对其进行覆盖，这样可以起到固定眼线的作用，并增加其持久度。

# 眼影打造技巧

对于眼妆来说，眼影是最容易表现其特点和风格的部分。眼妆可以说是精致妆容的主角，它决定着整体妆容的风格特点和效果。对于眼形来说，欧洲人凹陷有致的眼部轮廓是绝大部分亚洲人无法比拟的。而亚洲人如果想拥有深邃的眼妆效果，除了矫正眼形，还要通过眼影对眼部轮廓进行打造。针对不对称眼皮、下垂眼等一系列眼形问题，该如何矫正？针对单色眼影、双色眼影和渐层眼影等不同形式的眼影效果，该如何利用眼影颜色的深浅变化来凸显其层次？这里会一一给出答案。

## 眼妆色彩基础知识

但凡出现双色或多色的眼妆，必须要注意其颜色的搭配。好的眼影配色会令眼妆显得更加美丽和出色，搭配不当则会令眼妆变得突兀无神，也会让自己陷入不伦不类的尴尬境地。

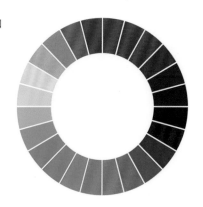

**★ 眼影色彩的基础搭配**

暖色系搭配：黄色系、橙色系、红色系、紫色系。

冷色系搭配：绿色系、蓝色系。

相邻色系搭配：指色环里相邻颜色之间的搭配。

最百搭色系：咖啡色系。

日常妆容

　　可用大地色系眼影搭配淡粉色系、咖啡色系眼影，营造出自然又不失时尚的妆容效果。粉色系眼影建议搭配粉色系腮红和唇膏。大地色系和咖啡色系眼影如果搭配橙色系腮红和唇膏，可体现出自然高雅的感觉；如果搭配粉红色系腮红和唇膏，则可突出青春可爱的感觉。

炫彩妆容

　　炫彩妆容的眼妆颜色相对艳丽分明，因此在颜色的搭配上切忌过于混乱。眼妆若采用暖色系，腮红和唇妆则建议选用粉红色系或紫粉红色系进行搭配，可体现出温柔、高雅的成熟美；眼妆若采用冷色系，腮红和唇妆则建议选用橙色系和珊瑚色系进行搭配，可突出冷艳、时尚的感觉。

晚妆妆容

　　晚妆的颜色相对浓烈和耀眼，可多选择深色系进行搭配，如黑色、灰色、金咖啡色、银色、深蓝色和深紫色等。眼妆以烟熏妆为上佳选择，黑色眼影和任何颜色搭配都可营造出烟熏妆的迷人效果。但需要注意的是，当眼妆比较浓重的时候，腮红和唇妆的颜色则要相对淡一点，这样可使眼妆效果更加突出。

## ●●● 不同眼影的打造技巧

眼影的种类有很多，其中常用的主要有单色眼影、双色眼影和渐层眼影，而每种不同形式的眼影打造出的眼妆效果也会不一样。

### ★ 单色眼影

**HOW TO** 打造单色眼影

*Step 01*

用指腹蘸取适量眼影霜，均匀涂抹于眼睑位置，眼部打底后会令眼影的上妆显色度更好。

*Step 02*

用指腹蘸取浅紫色眼影，按压在眼睑及靠近睫毛根部的位置，因手指有温度，可让眼影更快着色。

*Step 03*

用合适型号的扁头眼影刷蘸取同色眼影，涂抹于眼部，并均匀推开，直至均匀覆盖整个上眼睑内轮廓。

*Step 04*

用合适型号的圆头眼影刷蘸取适量同色眼影，以打圈的形式在眼窝处晕染开，做出渐变感。

*Step 05*

用圆头眼影刷蘸取适量同色眼影，在眼尾处稍微进行加深，令眼睛更富有立体感。

*Step 06*

用小号眼影刷蘸取同色眼影，从下眼睑尾部开始晕染过渡，在眼尾处稍微加粗。

*Step 07*

用小号眼影刷将下眼头位置的眼影晕染开，做出下眼影的渐变感。

完成啦！

★ 双色眼影

**HOW TO** 打造双色眼影

*Step 01*

用指腹蘸取适量眼影霜，均匀涂抹于眼睑位置，眼部打底后会令眼影的上妆显色度更好。

*Step 02*

用扁头眼影刷蘸取第一种眼影色，在眼头至眼尾的前半段均匀晕染开。

*Step 03*

用扁头眼影刷蘸取第二种眼影色，在眼头至眼尾的后半段均匀晕染开，使其与第一种眼影色渐变融合。

*Step 04*

用圆头眼影刷将眼影以打圈的方式在眼窝处晕染开，做出渐变感。

*Step 05*

　　用圆头眼影刷蘸取第二种眼影色，在眼尾处稍微加深，令眼影更富立体感，晕染时注意控制范围。

*Step 06*

　　用小号眼影刷蘸取第二种眼影色，在下眼睑眼尾处适当晕染，并稍微加粗。

*Step 07*

　　用小号眼影刷蘸取第一种眼影色，在下眼睑的眼头位置适当晕染开，做出下眼影的渐变感。

完成啦！

★ 渐层眼影

**HOW TO** 打造渐层眼影

*Step 01*

　　用指腹蘸取适量眼影霜，均匀涂抹于眼睑位置，眼部打底后会令眼影的上妆显色度更好。

*Step 02*

　　用圆头眼影刷蘸取适量烟灰色眼影，按压覆盖于整个上眼睑内轮廓，越贴近睫毛根部位置，眼影显色度越高。

*Step 03*

　　用圆头眼影刷以打圈的方式均匀晕染开眼影，做第一层渐变，直至涂满整个上眼睑。

*Step 04*

　　用圆头眼影刷蘸取适量眼影，重复以上方法，继续做渐变，以增加眼影色的饱和度。

*Step 05*

用小号眼影刷蘸取少量深一个色号的眼影，均匀涂抹至眼尾根部，增加其渐变感。

*Step 06*

用小号眼影刷继续蘸取适量深一个色号的眼影，在眼尾处做小范围晕染，让眼睛看起来更加有神。

*Step 07*

用小号眼影刷蘸取烟灰色眼影，在下眼睑处画出下眼影。注意眼尾处稍微加粗，眼头稍细并晕染开，最后做出下眼影的渐层感。

完成啦！

# 美目贴粘贴技巧

## 美目贴的基本使用方法

美目贴的基本作用主要在于使眼睛放大，再配合眼线和眼影，使用后可使眼睛变得立体深邃，且更加完美。

### Step 01

用棉签将眼皮上的油分吸干净，让眼皮保持清爽干净。

### Step 02

观察眼形，然后根据眼形需要修剪出合适的美目贴，美目贴长度一般在2cm左右。

### Step 03

用镊子夹取剪好的美目贴，仔细粘贴于眼皮的褶皱线位置，然后睁开双眼，视实际效果做出相应的调整，可以用叠加的方式进行粘贴，但切记不宜过厚。

### Step 04

用手指轻压已粘贴好的美目贴，使其更加牢固。

### Step 05

检查左右两边的眼睛形状是否对称，并及时做出适当调整。

# 不同眼形美目贴的粘贴技巧

美目贴的使用除了可以使眼睛放大、变得深邃之外，同时它还可以针对不同的眼形问题起到适当的矫形和调整的作用。

**★ 内双眼皮矫形**

拥有内双眼皮的女生眼皮较厚，且眼睛容易显得肿。针对此眼形需要利用美目贴将外眼皮支撑起来，加大内眼睑的宽度，从而改变眼睛的大小，使其变得有神。

矫形前

矫形后

# HOW TO　内双眼皮矫形

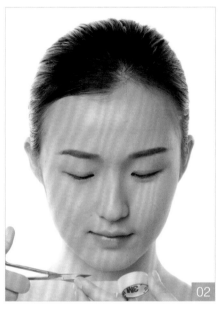

*Step 01*

　　用棉签将眼皮上的油分吸干净，让眼皮保持清爽干净。

*Step 02*

　　用手指轻轻提拉眼皮，以确认美目贴的粘贴位置，此动作可使我们更清楚地了解双眼皮的实际情况。然后根据需要将美目贴修剪出合适的长度与宽度，这时候剪出的美目贴宽度应与内眼睑宽度一致。

*Step 03*

　　找准双眼皮褶皱线的位置，然后紧贴于褶皱线内部，使双眼皮折痕完美重叠。然后睁开双眼，视实际效果做出相应的调整。可以用叠加的方式进行粘贴，但切记不宜过厚，直至将双眼调整到合适的双眼皮效果为止。

*Step 04*

　　粘贴完成后再次检查，左右两只眼睛的双眼皮形状和大小需对称。用手指轻压已贴好的美目贴，使其更加牢固。

　　拥有单眼皮的女生眼睛显得细小，且眼皮较显臃肿，给人一种不够精神的感觉。针对此眼形需找出合适的双眼皮折痕，再在折痕处粘贴美目贴，从而使眼睛放大而且变得有神。

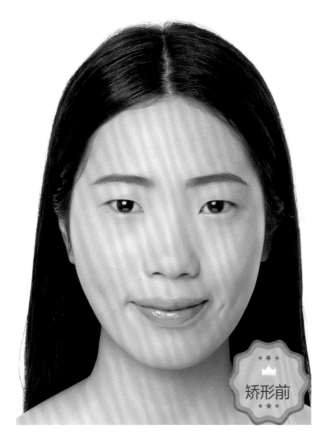

矫形前

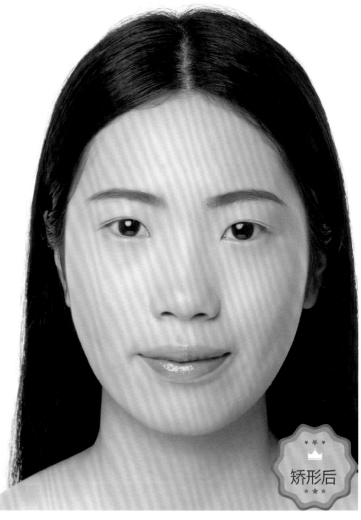

矫形后

**HOW TO** 单眼皮自然矫形

### Step 01

用棉签将眼皮上的油分吸干净，让眼皮保持清爽干净。

### Step 02

将美目贴用化妆剪刀剪出想要的形状和弧度，一般长度在2cm左右，修剪时可视具体情况做出适当调整。

### Step 03

用镊子夹取已修剪好的美目贴，在眼皮距离眼睑底部大约1/3的位置进行粘贴，眼皮较厚者可粘贴2~3次，直至出现理想的双眼皮效果。

不对称双眼皮是大小眼的一种，主要是由于左右眼睑的折痕状态不一样。针对此种眼形，需要着重调整内眼睑较窄的那只眼睛，从而使左右眼睑对称，让左右眼皮达到理想的状态。

矫形前

矫形后

## HOW TO 不对称双眼皮矫形

### Step 01

用手指轻轻拉起眼皮，确定需要矫形的双眼皮的形状和弧度。

### Step 02

根据眼皮的实际情况修剪出合适形状和长度的美目贴。

### Step 03

找准需要矫形的双眼皮折痕，用镊子夹取已修剪好的美目贴，在折痕处稍微往上的位置进行粘贴，粘贴后可用手适当按压，使其粘贴得更加牢固。

双眼皮胶水可以像美目贴一样改变眼皮的大小和形状，使用后既显自然又牢固，是改变眼皮状态比较理想的美目工具之一。

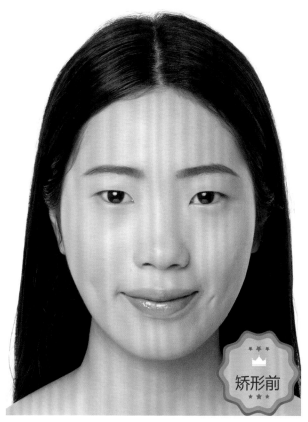

矫形前

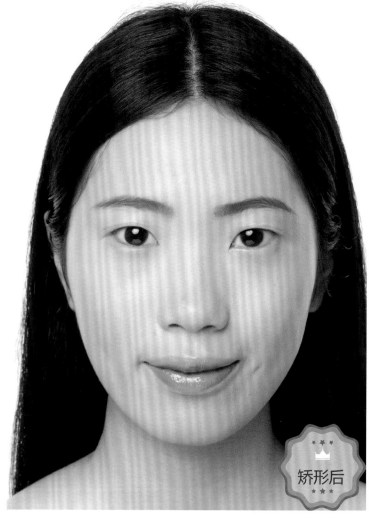

矫形后

## HOW TO 使用双眼皮胶水

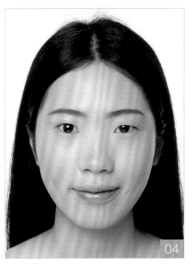

### Step 01

用棉签将眼皮上的油分吸附干净，使眼皮保持清爽干净。

### Step 02

蘸取适量双眼皮胶水，以线条的形式横向涂抹在距离睫毛根部大约0.5cm的位置。

### Step 03

待胶水呈半干状态后，用小叉子轻轻支撑起眼皮，并等待片刻，直至出现理想的双眼皮折痕效果。

### Step 04

完成后，再按同样的方法矫正另外一只眼睛，最后使左右两只眼睛的双眼皮效果一致。

### Tips

在日常生活中我们还会遇到其他的眼形问题，如下垂眼、上扬眼、细长眼等。针对下垂眼，可将美目贴顺着外眼角下垂的地方进行提拉粘贴；针对上扬眼，可将美目贴紧挨眼头位置粘贴，以将内眼角外围弧度拉大；针对细长眼，则着重将美目贴在双眼皮褶皱线中央进行粘贴。

# 假睫毛粘贴技巧

粘贴假睫毛是为眼妆画龙点睛的一步，它能使眼睛放大且变得有神，同时使眼睛更加立体深邃，令眼妆更加出众。不同的眼妆需要搭配不同型号的假睫毛，如自然型、浓密型或纤长型等。

# 假睫毛与眼妆的关系

市面上的假睫毛有很多种类型，且不同类型和风格的假睫毛使用后呈现出的妆容效果也会不一样。下面我们就来认识比较常见的几种假睫毛类型。

**★ 圆眼自然款**

此类型的假睫毛呈前后短而中间长的形状，较适合日妆使用，同时也是普通妆容中最常用的假睫毛款式。使用此款假睫毛后可以让眼睛看起来更加有神但又不会过于夸张，同时它可以让整体妆容看起来更加可爱。

**★ 圆眼浓密纤长款**

此款假睫毛可以使眼睛明显放大，使其极具娃娃眼效果，适合眼影较浓的时候使用，搭配晚妆和烟熏妆使用最佳。

**★ 眼尾拉长款**

要想让眼妆看起来显得妩媚和性感，可选择前短后长款式的假睫毛，以将眼尾拉长。同时配合拉长型眼线，让眼妆看起来更加迷人，且电力十足。

# 假睫毛基础粘贴方法

*Step 01*

　　用睫毛夹将真睫毛夹卷，夹卷时需小心谨慎，以免夹伤眼皮。

*Step 02*

　　将睫毛膏在真睫毛上仔细涂抹一遍，以将其弧度定型。涂抹时需呈Z字形涂抹，同时避免出现"苍蝇腿"。

*Step 03*

　　用睫毛剪将假睫毛做适当修剪，修剪时需根据眼形长短特征和修饰需要来确定假睫毛的长度。

*Step 04*

　　用睫毛胶在假睫毛梗上均匀涂满，等待30秒左右，将假睫毛沿上睫毛根部进行粘贴。

*Step 05*

　　待假睫毛粘牢后，再用睫毛膏仔细涂抹一遍，使真假睫毛自然融合。然后用镊子对其做出适当调整，确保真假睫毛不分层。

*Step 06*

　　最后对睫毛的粘贴情况及弧度做出调整。

★ 下假睫毛的粘贴方法

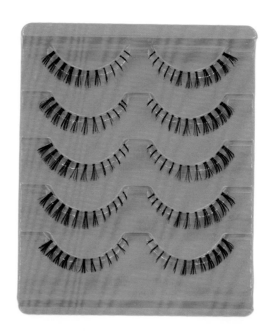

## Step 01

　　先将上假睫毛粘贴好，观察下睫毛的生长情况。

## Step 02

　　取出下假睫毛，用睫毛剪修剪出合适的长度。

## Step 03

　　用睫毛胶将修剪好的假睫毛根部涂满。

## Step 04

用粘贴假睫毛的专用夹子夹取假睫毛，将其粘贴在下睫毛空缺或稀疏的地方，使下睫毛变得浓密自然。

## Step 05

采用同样的方法继续粘贴下假睫毛，直至将下睫毛打造出浓密自然的完美效果。

如何让眼妆更持久？

要避免眼妆的晕妆问题，首先需确保眼周的底妆遮瑕及定妆要到位，保持干爽不出油，其次是睫毛的卷翘度要够，这样才能最大限度地减少晕妆的几率。

如何对眼妆进行补妆？

如眼妆出现晕妆的情况，可先用棉签轻轻将晕妆部位擦拭干净，情况严重的话可以蘸取少量免洗卸妆水擦拭。擦拭干净后用少量的遮瑕膏对其进行填补，并用少量散粉重新定妆，最后对眼妆重新进行调整。

# 基本眼形问题处理技巧

在日常生活中，我们会遇到各种各样的眼形，如双眼皮、单眼皮、下垂眼、上扬眼等。其中双眼皮可谓最标准的一种眼形，但很大一部分女生都会面临着不同的眼形问题。为了能让我们的眼妆更完美和精致，下面针对几种比较典型的眼形问题来讲解基本的处理技巧。

## ● ● ○ 单眼皮

单眼皮的女生具有东方韵味，但往往让人感觉眼睛细小，不够精神，眼皮较显臃肿，而且眼线描画也比较麻烦。单眼皮睁眼的时候部分眼皮会折进去，所以眼线要画得比较粗才能显露出来。眼线的粗细主要由眼皮厚度决定，一般来说，眼线粗细度可在3cm~0.8cm。画完眼线后可在眼头和后眼窝处添加阴影粉，加深眼部轮廓感，最后在下眼线位置同样晕染适量的阴影粉，使眼睛更加有神。

## ● ● ○ 下垂眼

下垂眼给人的感觉总是昏昏欲睡，看起来眼睛非常无神。下垂眼的主要特点为眼尾下垂，眼角有明显黑色素。此眼形的矫形重点在于加强眼尾的遮瑕度，利用黑色眼线液在上眼线位置将眼尾进行拉高处理，在视觉上让眼尾高度和眼头基本一致，再用浅咖啡色眼影轻轻晕染出眼窝轮廓感和眼尾立体感，这样可让眼睛瞬间变得有神起来。

## ● ● ○ 上扬眼（凤眼）

上扬眼给人感觉比较凶，且显犀利，亲和力不够。上扬眼的主要特点为眼尾上扬，且整个眼形倾斜。此眼形的矫形重点在于利用黑色眼线液在上眼线的眼头位置稍微加粗，在前眼窝处轻轻晕染浅咖啡色阴影粉，将眼头在视觉上拉高。然后在下眼线眼尾处用阴影粉进行加粗晕染，将眼尾在视觉上拉低，这样能让眼睛变得看起来更加有亲和力。

## ● ● ○ 双眼间距过宽

双眼间距过宽的人看起来五官不够集中，鼻梁较塌，且眼部轮廓扁平。此眼形的矫形重点在于加强眼头位置的眼线描绘，描绘时可适当将眼线往鼻梁处拉长一点，再用阴影粉在眼头位置做适当晕染，以加深内眼窝的轮廓感，最后在眉头和鼻梁的衔接位置用阴影粉做适当晕染，以增加眉心位置的立体感。这样就能在视觉上拉近双眼之间的距离，让眼睛变得更加立体有神。

# 04

## 眉妆打造技巧

眉妆产品的认识
眉毛的基本结构
眉形与脸形的关系
眉毛的基本画法

# ● ◐ 眉妆产品的认识

　　眉妆是化妆中较难控制的一个部分。画眉毛不仅是把眉形画好看就可以了，还需要与整个妆面协调统一，眉色需与发色一致，眉形需与脸形相搭配，且比例要准确等。如此而言，眉妆产品的选择也就显得至关重要，好的眉妆产品可以让我们在化妆时更加方便快捷。同时，好的眉妆可以让我们的精神面貌焕然一新。

　　市面上的眉妆产品主要可分为以下几种。

　　眉笔：质地较硬，画出的眉毛清晰利落，着色度高，适合眉毛较少的女性使用，主要用于眉尾的线条描绘。

　　眉粉：眉粉需要用斜角眉刷配合使用，画出的眉毛柔和自然，适合眉毛较多的女性使用，主要用于眉头的线条描绘。

　　染眉膏：主要用于更改眉色，需用眉笔或眉粉配合使用。眉毛颜色较深的人可适当借助染眉膏让眉色变淡，令妆感看起来更加和谐自然。

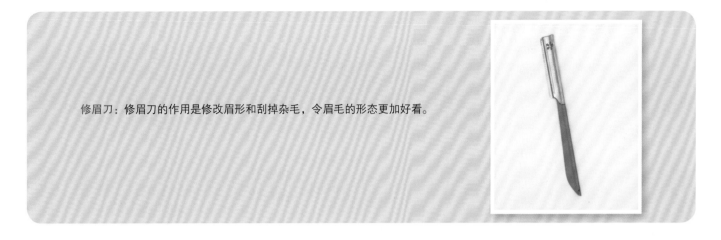

修眉刀：修眉刀的作用是修改眉形和刮掉杂毛，令眉毛的形态更加好看。

螺旋眉毛刷：其作用主要是将眉毛梳顺，还有让上色之后的眉毛颜色更加柔和。

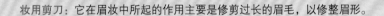

妆用剪刀：它在眉妆中所起的作用主要是修剪过长的眉毛，以修整眉形。

# 眉毛的基本结构

想要画出精致好看且又符合标准的眉毛，就必须清楚地了解眉毛的结构。下面会教大家如何确定自己的眉毛比例是否符合标准。

眉头位置：鼻翼、眼头和眉头三点垂直呈一条直线。

眉峰位置：正视前方，眼珠外轮廓线和眉头两点垂直呈一条直线。

眉尾位置：眉尾在鼻翼和眼尾斜向上的延长线上。

# 眉形与脸形的关系

在打造眉妆时，应注意参考脸形比例关系等问题，这样打造出的眉毛才会与脸形相协调，也更加符合审美标准。下面会针对三种比较典型的眉毛给大家讲解眉形与脸形的关系。

## 弯眉

眉形特征：眉峰不明显，整体眉形呈弧形状态，眉毛整体粗细变化不大，眉头与眉尾高度一致。此眉形容易让人感觉温柔，且易亲近。
适合脸形：菱形脸、三角形脸等。

## 弓眉

眉形特征：眉峰较为明显，眉头比眉尾稍粗，且眉尾上扬。此眉形时尚、大气且显欧美范儿，同时可起到拉长脸形的作用。
适合脸形：圆形脸、方形脸，以及比较宽或偏圆的脸形。

## 一字眉（平眉）

眉形特征：此眉形也被称为韩式眉。此眉形整体形态较粗，眉峰靠后，眉底线几乎呈直线，眉头和眉尾粗细一致。此眉形带有中性的帅气，且显时尚，同时能起到拉宽脸形的作用。
适合脸形：长脸、鹅蛋脸。

# 眉毛的基本画法

当我们清楚地了解了眉毛与脸形的关系之后，就需要根据其原理来掌握眉毛的基本画法。

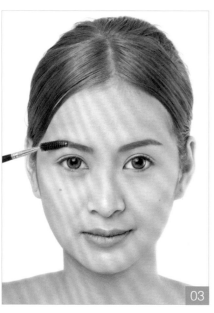

*Step 01*

选取合适颜色的眉笔，从眉头顺着眉毛生长的方向仔细描画，直至眉尾，描画眉尾时需干净利落。

*Step 02*

用斜角眉刷蘸取适量与眉笔颜色一致的眉粉，轻轻对眉头进行描绘，以增加眉头的柔和感。

*Step 03*

用螺旋头眉刷从眉头到眉尾重复刷几遍，让眉毛更加整齐，颜色也更加自然柔和。

*Step 04*

检查左右眉毛是否对称，并做出适当调整。

# 05

## 腮红与修容技巧

腮红产品的认识

腮红与脸形的关系

画腮红的基本方法

腮红与修容的关系

基本修容的方法

腮红与妆效搭配关系

## 腮红产品的认识

　　我们常用的腮红产品主要有两种，一种是腮红膏，一种是腮红粉。其中腮红膏质感细腻，可直接用指腹蘸取使用；而腮红粉则需要用腮红刷蘸取使用。用指腹蘸取腮红膏涂抹脸部时，可利用指腹的温度让腮红在脸上显得更加伏贴自然。腮红粉的优势则在于使用方便且操作简单，适合化妆入门者使用。

　　腮红常用的颜色分为粉红色系和橙色系，使用不同颜色的腮红后会呈现不一样的妆容效果。在化妆时，腮红颜色的选择应取决于整体妆容的颜色，一般需要与眼妆、唇妆及服装的颜色搭配使用。

# 腮红与脸形的关系

腮红属于面部妆容的一部分，因此在画腮红时，其形状与颜色选用都必须由整个妆型的需要来决定。以下针对两种比较典型的腮红类型来进行讲解。

可爱温柔型：针对脸比较瘦、颧骨稍高的脸形。

打造技巧：用腮红刷蘸取粉红色腮红，以打圈的方式在笑肌位置进行涂抹与晕染，会使人呈现一种可爱、温柔、易亲近的效果。

拉长利落型：针对方脸形、圆脸形及整体感觉不够修长的脸形。

打造技巧：用腮红刷蘸取适量腮红，从笑肌位置到太阳穴的方向以斜刷的方式进行涂抹与晕染，以起到拉长脸形的作用，同时使人呈现一种成熟、优雅和时尚的效果。

## Tips

腮红过重应如何补救？

如不小心将腮红涂抹得过重，可用散粉扑蘸取适量散粉，将多余的腮红颜色擦拭掉。切忌用手指直接擦拭，因为手指的温度会令腮红与皮肤伏贴，不但更显色，而且很难抹掉。

# 画腮红的基本方法

## 腮红粉的使用

　　腮红在化妆中主要起到修饰的作用，它可以迅速有效地改变脸部气色，使人看起来更加有活力并充满年轻感。腮红粉是最常用的腮红产品，掌握腮红粉的基本使用方法是非常有必要的。

**HOW TO** 使用腮红粉

### Step 01

上腮红前需确保底妆干爽无瑕，为腮红上色打好基础。

### Step 02

用手指找出正确的腮红位置，腮红位置一般在笑肌（苹果肌）处，切记腮红颜色最深的位置不能低于鼻头。

### Step 03

用腮红刷蘸取适量合适颜色的腮红粉，以打圈的方式轻轻地涂抹于笑肌位置，可采取少量多次的方式进行涂抹，确保腮红晕染柔和自然，左右两边对称。

## 腮红膏的使用

腮红膏又被称为慕斯胭脂、胭脂霜，质地如草莓果酱般细腻柔滑，拥有粉质腮红所不可比拟的滋润功效。腮红膏贴合度高、妆效持久，不易被夏季分泌过多的油脂所晕染，是抵抗夏日脱妆的必备单品。

# HOW TO 使用腮红膏

### Step 01

用手指找出正确的腮红位置，腮红位置一般在笑肌（苹果肌）处，切记腮红颜色最深的位置不能低于鼻头。

### Step 02

用指腹蘸取适量腮红膏，切忌一次蘸取过多。

### Step 03

用蘸有腮红膏的指腹在笑肌处轻轻以按压的方式均匀涂抹，可采取少量多次的方式重复涂抹2~3次。

### Step 04

用散粉刷蘸取适量散粉，在笑肌处轻轻涂扫定妆，令腮红颜色更加持久。

# 腮红与修容的关系

如果说腮红的作用主要在于修饰气色，那么修容的作用则主要在于修饰脸部轮廓，并调整脸形。尤其是亚洲人，其脸形一般比较扁平，腮红虽可以起到修饰脸形的作用，但要想凸显脸部轮廓，让脸形显得更加立体，则需要专门的修容产品与腮红配合使用。

我们常见的修容产品是修容粉，一般由阴影色与高光色两种颜色组成。阴影色通常为亚光的咖啡色粉，而高光色则为亚光或者珠光的白色粉。

# 基础修容的方法

　　我们利用腮红将脸部气色调整到最好状态的时候，不妨再使用修容粉对脸部轮廓进行适当的修饰。这样打造出来的妆面才会更显精致，且立体自然。

修容前

修容后

### Step 01

用阴影刷蘸取适量阴影粉，先在额头靠近发际线位置，从左右两边往中间以少量多次的方式进行涂扫，晕染时注意要过渡自然。

### Step 02

用手指找出颧骨以下凹进去的脸颊位置，然后将蘸有阴影粉的阴影刷在此位置做提拉涂扫与晕染，晕染时注意要过渡自然。

### Step 03

用阴影刷蘸取适量阴影粉，从耳孔位置往嘴角斜扫与晕染，做出斜阴影效果。

### Step 04

用阴影刷蘸取适量阴影粉，从腮骨位置到下巴方向涂抹晕染，以修饰腮骨位置的轮廓，令脸部和下巴显得更加紧致、立体。

# 腮红与妆效搭配关系

腮红属于面部妆容的一部分，因此在画腮红时需要根据整个妆型需要来决定腮红的颜色及形状，以便打造出更加自然且和谐统一的妆容效果。

## 知性优雅蜜桃肌

在水漾光润、若有似无的妆容上缀以微橙色腮红，与圆润的笑肌融合后展现出脸部的自然好气色，让知性优雅的成熟美如春风吹起的浪花般荡漾开来。

妆效搭配技巧：橙色系腮红需搭配橙色系唇膏或唇彩，这样才能让整体妆容看起来更加自然和谐。

## ●● 甜美迷人粉嫩肌

粉色呈现出的乖巧与可爱，是很多喜欢甜美风格的女性所追求的妆容效果。它更适合出现在暖春或夏季，既能为春日增添一抹暖意，也能为夏日平添一剂清凉。

**妆效搭配技巧：**粉红色系腮红需要配搭粉红色系唇膏或唇彩，这样才能让整体妆容看起来更加自然和谐。

# 06

## 唇妆打造技巧

唇妆产品的认识
基础唇妆的画法
不同风格的唇妆打造

# 唇妆产品的认识

唇是五官中最诱人的部位，或性感诱惑，或小巧迷人……对于女人来说，拥有丰润饱满的唇妆效果可以令脸庞变得更加生动，不同的唇色也可以彰显出不同的风格。除此之外，唇妆的修饰还可以矫正不标准或有缺陷的唇形，让其得到修正，使唇妆显得更加自然、完美。

### ★ 唇线笔

唇线笔是勾画唇形的必备工具之一。它能帮助我们更精准地勾画出唇形，并修饰唇妆边缘，同时改变唇形。

### ★ 唇膏

唇膏的特点是颜色饱和度高，且遮盖力强。它可以描画出颜色饱和的唇妆，同时丝绒质地的唇膏还可以打造出传统唇彩所无法呈现的亚光效果。

### ★ 唇彩

唇彩的特点是光泽感强，且反光度高。它可以令唇部看起来更加水润和丰盈，同时能起到保持唇部滋润的作用，操作性相对简单。

### ★ 液体唇膏

液体唇膏质地较浓稠，颜色饱和度高，显色性较好。

# 基础唇妆的画法

想要根据不同风格的妆容打造出合适得体的唇妆，首先需要了解基础唇妆的画法。

*Step 01*

用润唇膏涂抹唇部，以保持唇部滋润，为唇妆打好基础。

*Step 02*

用海绵粉扑蘸取少量粉底或遮瑕膏，薄薄地涂抹在唇部边缘，以遮掩本身的唇色，并遮盖唇部周围的瑕疵，让唇膏的颜色明亮度更高，且更干净。

*Step 03*

用唇刷蘸取适量唇膏或唇彩，均匀涂抹于唇部，涂抹时可重复2~3次，直至将整个唇部涂满。

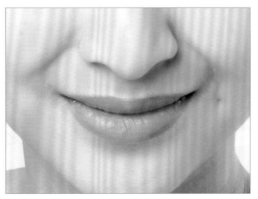

*Step 04*

涂抹完成后检查唇部边缘，需确保其干净完整，唇形饱满，唇色饱和。

# — ◖● 不同风格的唇妆打造 —

掌握了基础唇妆的画法之后，我们可根据自己想要的风格，利用不同质地的唇妆产品及唇妆颜色塑造出不一样的唇妆效果，且确保其与整个妆面乃至整体造型相搭配。

## ●●○ 自然水润唇

想要拥有丰润迷人的双唇，保湿是关键。滋润的唇部肌肤就如同我们说的"好底子"。无论打造什么风格的唇妆，都应该避免唇部过于干燥，出现唇纹或起皮的现象。这里所说的自然水润唇也就是指我们常说的"嘟嘟唇"，它看起来自然润泽，没有过于强调唇线和唇部轮廓，同时颇具闪亮感。

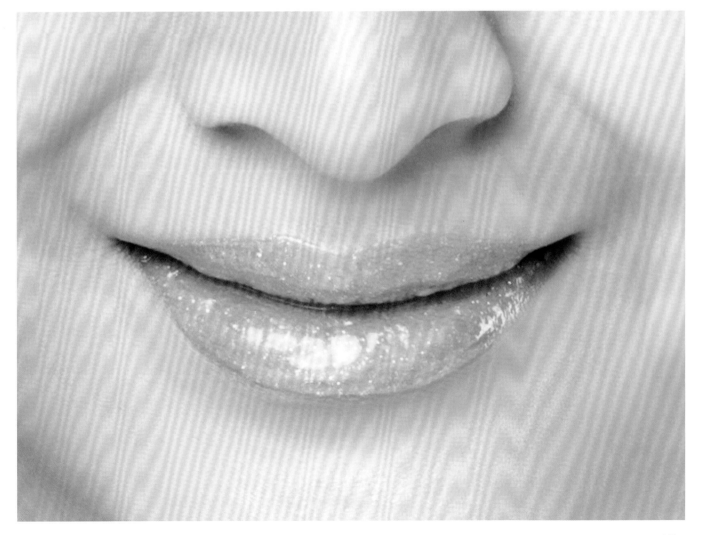

## HOW TO 打造自然水润唇

*Step 01*

　　用润唇膏涂抹唇部，以保持唇部滋润，为唇妆打好基础。

*Step 02*

　　用海绵粉扑蘸取少量粉底或遮瑕膏，薄薄地涂抹在唇部边缘，以遮掩本身的唇色，并遮盖唇部周围的瑕疵，让唇膏的颜色明亮度更高，且更干净。

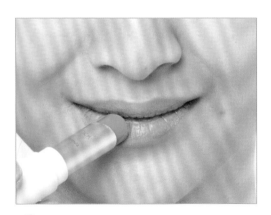

*Step 03*

　　选用滋润型自然色系唇膏，均匀涂抹于唇部，涂抹时可重复2~3次，直至将整个唇部涂满，且确保颜色饱和。

*Step 04*

　　选用光泽感强的透明唇彩，从唇部中间开始均匀点染，直至均匀覆盖整个唇部，可重复2~3次，以增加其光泽感及厚度，同时遮盖唇纹，使唇妆效果更加完美与自然。

## ●●● 妩媚经典红唇

　　说到红唇，人们总会将其与高贵、性感、夺目、流行、复古等字眼联系起来。一抹正红往往可以把时尚与古韵同时点燃，在璀璨的人生舞台中，红唇往往能够衬托出女人的自信与坚强，柔美与洒脱。

*Step 01*

　　用润唇膏涂抹唇部，以保持唇部滋润，为唇妆打好基础。

*Step 02*

　　用海绵粉扑蘸取少量粉底或遮瑕膏，薄薄地涂抹在唇部边缘，以遮掩本身的唇色，并遮盖唇部周围的瑕疵，让唇膏的颜色明亮度更高，且更干净。

*Step 03*

　　用唇部打底霜均匀涂抹唇部，让唇妆更显色，同时减少唇纹。

*Step 04*

　　用红色唇线笔勾画上唇峰和下唇线中部，以确定唇妆的整体厚度。

*Step 05*

用红色唇线笔勾画嘴角到唇中部之间的唇线，以确定唇妆的整体形态。

*Step 06*

用唇刷蘸取红色唇膏，均匀涂满整个上唇，一般唇刷比唇膏直接上色更均匀且更准确。这样重复2~3次，让颜色饱和度更高。

*Step 07*

用唇刷蘸取红色唇膏，均匀涂满整个下唇，重复2~3次，增加颜色饱和度。

*Step 08*

用小号遮瑕刷蘸取少量遮瑕膏，在唇线外沿做最后的遮瑕修饰与调整，令整体唇形看起来更加利落与圆润。

# 日系裸色唇

　　日系妆以大眼娃娃妆为代表，每个选择此种妆容的女生都拥有一双动人的大电眼，夸张的眼妆，浓艳的色彩搭配，既俏皮又可爱。那么这样的眼妆效果应该搭配怎样的唇妆呢？

　　首先，浓浓的眼妆已经成为整个妆面的核心与焦点，显然不宜再选择一个显色度高的唇妆了。这时候应该选择偏淡或裸色系的唇妆，以起到衬托的作用，既显低调又相得益彰。

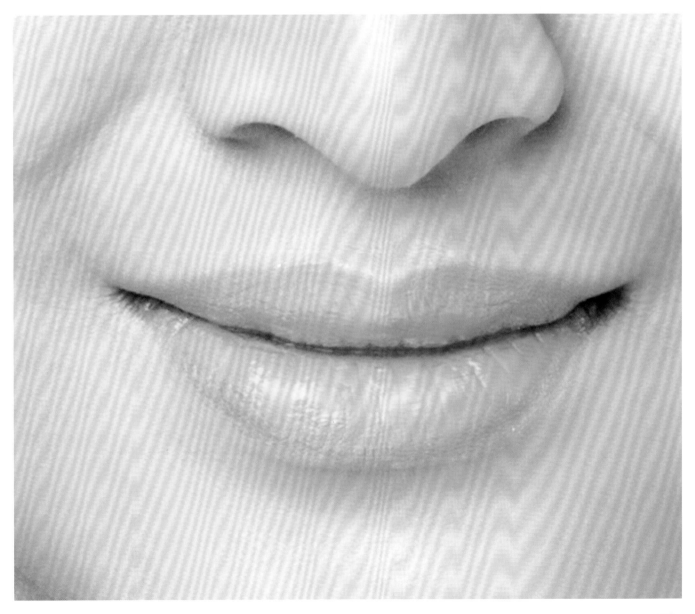

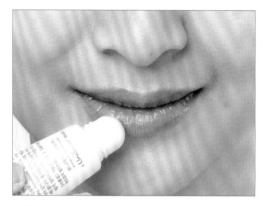

*Step 01*

用润唇膏涂抹唇部，以保持唇部滋润，为唇妆打好基础。

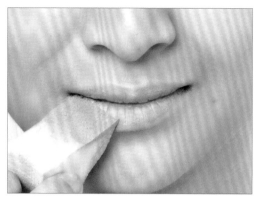

*Step 02*

用海绵粉扑蘸取少量粉底或遮瑕膏，薄薄地涂抹在唇部边缘，以遮掩原本的唇色，同时令唇部颜色与底妆颜色一致。

*Step 03*

用裸色唇线笔描绘出唇形，让被遮瑕膏遮盖的唇形重新显现出来。此时如果唇形本身存在问题，也可利用唇线笔做出适当修改与调整。

*Step 04*

用裸色唇膏均匀涂抹整个唇部，涂抹范围不要超出唇线，且重复2~3次，可让唇部颜色饱和度更高，遮瑕效果更好，也更能突出裸唇的妆效。

# 07

## 全民变女神

彩调青春

生活物语

职业贵族

# 彩调青春

大地色在日常化妆中是最容易让人接受的颜色，它既柔和又显自然，而且百搭；但很多女生偶尔也会想改变一下，却又不敢轻易尝试。当我们大胆尝试色调各异的妆容，运用桃粉色、亮黄色、深蓝色，淡紫色等明亮的色彩，色彩与光影完美融合，或梦幻，或性感，或飘逸……给人带来无限的快乐与灵动感，让青春瞬间有了生机与活力。

## 甜蜜粉调

粉色代表着永恒的爱恋，粉色的妆容是公认的桃花妆，俏而不娇，粉而不俗，加上桃色大电眼，在恋爱的季节里，时刻保持着可爱快乐的气息。

打造甜蜜粉调

### Step 01

确保脸部滋润，用隔离霜打底。选择适合肤色的粉底液，均匀涂抹于面部，并用粉扑蘸取适量散粉定妆。

### Step 02

用指腹蘸取眼影打底霜，均匀涂抹于上眼睑，令眼妆更显色。

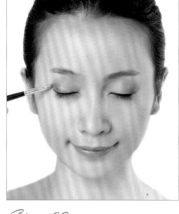

### Step 03

用眼影刷蘸取珠光大地色眼影，均匀涂抹于上眼睑，做出渐变效果；用小号眼影刷蘸取粉色眼影，在眼尾处局部涂抹晕染，并略微向上拉长。

### Step 04

用眼线液沿着睫毛根部仔细描画，描画时要确保线条自然流畅，并且将睫毛间的空隙填满，避免露白。

### Step 05

用睫毛夹将睫毛夹卷后，选取中度浓密款睫毛，并粘贴于睫毛根部。

### Step 06

用小号眼影刷蘸取适量粉色眼影，在下眼睑位置适当晕染，晕染时注意控制范围。

*Step 07*

　　用睫毛膏仔细刷出下睫毛，涂刷时需仔细，确保将每根睫毛都涂刷到位，且根根分明。

*Step 08*

　　选取合适颜色的眉笔，先将眉底线加深，然后从眉头开始沿着眉毛生长的方向描绘眉毛，描绘时要注意眉毛的长度与脸形、眼形的关系。

*Step 09*

　　用阴影刷蘸取适量阴影粉，在额头两边及脸颊两边进行晕染，以修饰脸形。

*Step 10*

　　用腮红刷蘸取适量粉色系腮红，均匀晕染于左右脸颊苹果肌位置，要确保自然柔和。

*Step 11*

　　选取粉红色唇彩，均匀涂抹于上下唇，涂抹时可重复2~3次，让唇彩更显色。要确保唇线干净流畅，唇色饱满自然。

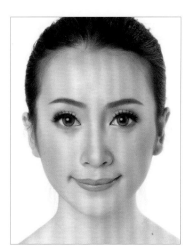

*Step 12*

　　检查整个妆面，并做出适当调整。

# 活泼黄调

　　黄色是夏天很多女生都想尝试而又不敢尝试的颜色。黄色很难驾驭，处理不当就会让眼部显得肿。要想呈现黄色带来的清新感与阳光气质，除了需要保持干净清透的底妆效果，妆面颜色的搭配也同样重要。再戴上有趣活泼的饰品，便会让你在青春赛跑中脱颖而出！

*Step 01*

　　确保脸部滋润，用隔离霜打底。选择适合肤色的粉底液，均匀涂抹于面部，再用粉扑蘸取适量散粉定妆。

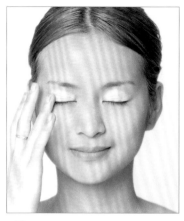

*Step 02*

　　用指腹蘸取眼影打底霜，均匀涂抹于上眼睑，令眼妆更显色。

*Step 03*

　　用眼影刷蘸取黄色眼影后均匀涂抹于上眼睑，做出单色眼影的渐变感。可重复上色2~3次，让黄色眼影饱和度更高。

*Step 04*

　　用小号眼影刷蘸取粉色眼影，在眼尾处局部涂抹晕染，并在眼尾处略微向上拉长。用睫毛夹将睫毛夹卷翘，然后选取纤长型假睫毛，沿睫毛根部粘贴。

*Step 05*

　　用小号眼影刷蘸取咖啡色眼影，均匀涂在下眼睑的眼尾，做出下眼窝轮廓，让黄色眼妆更加立体深邃。

*Step 06*

　　用小号眼影刷蘸取适量黄色眼影，在下眼睑位置自然晕染，做出渐变感。

*Step 07*

　　用睫毛膏仔细刷出下睫毛，涂刷时需仔细，确保将每根睫毛都涂刷到位，且根根分明。

*Step 08*

　　用合适颜色的眉笔描绘出眉毛，注意眉毛的长度与脸形、眼形的关系。

*Step 09*

　　用阴影刷蘸取适量阴影粉，在脸颊两边刷上阴影，以修饰脸形。

*Step 10*

　　用腮红刷蘸取适量橙色系腮红，均匀涂抹于左右两边的苹果肌位置。

*Step 11*

　　选用橙红色唇膏，均匀涂抹于上下唇，涂抹时可重复2~3次，让唇膏更显色。要确保唇线干净流畅，唇色饱满自然。

*Step 12*

　　检查整个妆面，并做出适当调整。

## 优雅蓝调

一说到蓝色，我们便会想到海洋、天空、宝石等。蓝色是多变的化身，自由的天蓝，清凉的海蓝，充满异国风情的藏青蓝，优雅的宝石蓝……蓝色成就了妖姬般的女生，能够驾驭它的人，必定会成为一道靓丽的风景线，让青春更加丰富多彩。

**HOW TO** 打造优雅蓝调

*Step 01*

确保脸部滋润，用隔离霜打底。选择适合肤色的粉底液，均匀涂抹于面部，再用粉扑蘸取适量散粉定妆。

*Step 02*

用眼影刷蘸取适量金咖啡色眼影，涂抹整个上眼睑；用圆头眼影刷蘸取适量深咖啡色眼影，在眼窝处均匀涂抹，做出渐变感。

*Step 03*

用眼影刷蘸取天蓝色眼影，均匀涂于眼尾处，然后稍稍拉长，突出蓝色主题眼妆效果。可重复上色3~4次，让蓝色眼影更加显色。

*Step 04*

用眼线液沿着睫毛根部仔细描画，描画时要确保线条自然流畅，并且将睫毛间的空隙填满，避免露白。

*Step 05*

用小号眼影刷蘸取适量天蓝色眼影，均匀涂抹在下眼睑处，做出渐变感。

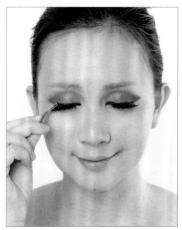

*Step 06*

用睫毛夹将睫毛夹翘后，选取浓密拉长款假睫毛，紧贴睫毛根部进行粘贴。

*Step 07*

用睫毛膏仔细刷出下睫毛，涂刷时需仔细，确保将每根睫毛都照顾到位，且使其根根分明。

*Step 08*

选取合适颜色的眉笔，先将眉底线加深，然后从眉头开始沿着眉毛生长的方向描绘眉毛。描绘时要注意眉毛的长度与脸形、眼形的关系。

*Step 09*

用阴影刷蘸取适量阴影粉，然后在脸颊两边进行晕染，以修饰脸形。

*Step 10*

用腮红刷蘸取适量粉红色系腮红，均匀涂抹于左右两边的苹果肌位置，晕染时要确保自然柔和。

*Step 11*

用桃红色光泽感唇膏均匀涂抹于上下唇，涂抹时可重复2~3次，让唇膏更显色。要确保唇线干净流畅，唇色饱满自然。

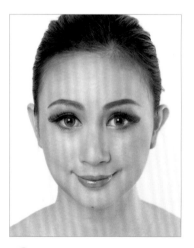

*Step 12*

检查整个妆面，并做出适当调整。

## 瞩目彩虹调

　　难得一遇的彩虹，给了多少女生梦幻的感觉。像油画似的彩虹眼妆，通过渐变的方式，将几种色彩毫无违和感地融合在一起。连巴黎的时装秀上也频频出现瞩目的彩虹调妆容。

打造瞩目彩虹调

### Step 01

确保脸部滋润，用隔离霜打底。选择适合肤色的粉底液，均匀涂抹于面部，再用粉扑蘸取适量散粉定妆。

### Step 02

用指腹蘸取眼影打底霜，均匀涂抹于上眼睑，令眼妆更显色；用眼影刷蘸取黄色眼影，在眼头位置均匀地晕染开，做出渐变感。

### Step 03

用眼影刷蘸取蓝色眼影，在上眼睑中间位置均匀涂开，注意和黄色眼影的交界位置，需要过渡自然。

### Step 04

用眼影刷蘸取少量绿色眼影，在眼窝位置均匀地晕染开，将其与蓝色眼影做出渐变感，注意要晕染自然。

### Step 05

用小号眼影刷蘸取适量荧光粉红色眼影，在眼尾处做添加晕染，并适当拉长、收尖。晕染时可重复2~3次，让眼妆更显色。

### Step 06

用小号眼影刷分别蘸取少量荧光绿色和黄色眼影，在眼头最前方做添加晕染，突出彩虹色调的眼妆效果。

*Step 07*

用眼线液沿着睫毛根部仔细描画，描画时要确保线条自然流畅，并且将睫毛间的空隙填满，避免露白。

*Step 08*

用睫毛夹夹卷睫毛，选取浓密型假睫毛，沿睫毛根部粘贴。用睫毛膏刷出下睫毛，涂刷时需仔细，使其根根分明。

*Step 09*

选取合适颜色的眉笔，先将眉底线加深，然后从眉头开始沿着眉毛生长的方向描绘眉毛。描绘时要注意眉毛长度与脸形、眼形的关系。

*Step 10*

用阴影刷蘸取适量阴影粉，对脸颊做适当修饰。用腮红刷蘸取适量粉色系腮红，均匀涂抹于左右两边的苹果肌位置。

*Step 11*

选取淡粉色唇彩，均匀涂抹于上下唇，涂抹时可重复2~3次，让唇膏更显色。要确保唇线干净流畅，唇色饱满自然。

*Step 12*

检查整个妆面，并做出适当调整。

## ●●● 美艳红调

　　红色代表张扬，且运用在造型中易凸显个性。想要利用耀眼的红色唇妆搭配适当的眼妆来打造理想的美艳复古风格造型，有一定难度。红色掌握不好就容易显得突兀；但如果运用到位，不仅惹火，而且还会让妆容娇艳欲滴。

打造美艳红调

### Step 01

　　确保脸部滋润，用隔离霜打底。选择适合肤色的粉底液，均匀涂抹于面部，再用粉扑蘸取适量散粉定妆。

### Step 02

　　用眼影刷蘸取适量的珠光大地色眼影，在整个上眼睑均匀地晕染开。

### Step 03

　　用圆头眼影刷蘸取亚光咖啡色眼影，在眼尾和眼窝处做出眼影的渐变感，同时加深轮廓，让眼睛看起来深邃而不显得肿。

### Step 04

　　用黑色眼线液沿着睫毛根部仔细描画，描画时要确保线条自然流畅，并且将睫毛间的空隙填满，避免露白。

### Step 05

　　用睫毛夹将睫毛夹卷后，选取中度浓密型假睫毛，然后紧挨睫毛根部进行粘贴。

### Step 06

　　用小号眼影刷蘸取适量亚光咖啡色眼影，均匀涂抹于下眼尾位置，让上下眼影衔接自然。蘸取适量珠光白色眼影，提亮眼头，使眼部更加立体。

*Step 07*

用睫毛膏仔细刷出下睫毛，涂刷时需仔细，确保将每根睫毛都照顾到位，且使其根根分明。

*Step 08*

选取合适颜色的眉笔，先将眉底线加深，然后从眉头开始沿着眉毛生长的方向描绘眉毛。描绘时要注意眉毛的长度与脸形、眼形的关系。

*Step 09*

用阴影刷蘸取适量阴影粉对脸颊做适当修饰；用腮红刷蘸取适量红橙色腮红均匀涂抹于左右两边的苹果肌位置。

*Step 10*

用红色唇笔将唇线仔细描绘出来，描绘时要保持线条流畅清晰。

*Step 11*

选取亚光红色唇彩，均匀涂抹至唇线内，涂抹时可重复2~3次，让唇彩更显色。涂抹后要确保唇线干净流畅，唇色饱满自然。

*Step 12*

检查整个妆面，并做出适当调整。

# ● ● 生活物语

在日常生活当中，装扮风格各异的女生成了步行街、咖啡馆及购物商场等场所中一道靓丽的风景线。在繁华的大都市中，她们就如同一杯咖啡，慢慢品尝，方知其醇厚与芳香。

## ● ● ● 时尚美魔女

在芸芸众生中，女人是一抹亮色，她们装饰了青春，也渲染了生活。她们是时尚的标签，是潮流的猎人，是美艳与时尚的化身。

打造时尚美魔女

### Step 01

确保脸部滋润，用隔离霜打底。选择适合肤色的粉底液，均匀涂抹于面部，再用粉扑蘸取适量散粉定妆。

### Step 02

用眼影刷蘸取黑色眼影，在上眼睑中间做涂抹晕染。可重复2~3次，以提高黑色眼影的浓重度。

### Step 03

在黑色眼影的基础上添加少量浅咖啡色眼影，增加渐变感。用圆头眼影刷蘸取深咖啡色眼影，在眼尾处晕染开，以加强眼窝的轮廓感。

### Step 04

用眼影刷蘸取黑色眼影，拉出眼尾眼影的尖角形态，注意末端要利落，且整体眼影层次要晕染得均匀自然。

### Step 05

正视前方，用小号眼影刷晕染和修饰眼影形态，且保持左右眼影晕染位置对称。

### Step 06

用眼线液沿着睫毛根部仔细描画，描画时要确保线条自然流畅，并且将睫毛间的空隙填满，避免露白。

*Step 07*

　　用黑色眼线笔描绘出下眼线，描绘时要仔细，保持线条自然流畅。用小号眼影刷蘸取黑色眼影，在下眼睑做适当晕染，使上下眼影衔接自然。

*Step 08*

　　用睫毛夹将睫毛夹卷后，选取中度浓密型假睫毛，然后紧挨睫毛根部进行粘贴。

*Step 09*

　　选取合适颜色的眉笔，先将眉底线加深，然后从眉头开始沿着眉毛生长的方向描绘眉毛。描绘时要注意眉毛的长度与脸形、眼形的关系。

*Step 10*

　　用阴影刷蘸取适量阴影粉，在脸颊两边晕染，以修饰脸形。用腮红刷蘸取适量橙色系腮红，均匀涂抹于左右两边的苹果肌位置。

*Step 11*

　　先用遮瑕膏遮盖唇色，然后用裸色系唇膏均匀涂抹于唇部，涂抹时可重复2~3次，让唇膏更显色。要确保唇线干净流畅，唇色饱满自然。

*Step 12*

　　检查整个妆面，并做出适当调整。

## 复古女王范儿

复古风是永不失宠的时尚，尤其是近几年来，它受到了现代女性的大力追捧。一袭乌黑的长发，配搭一条优雅的长裙，再来两道气势浓眉，最后配上显色度极高的完美红唇，女王气息顿时席卷而来，或高雅，或冷艳，或孤傲。

## HOW TO　打造复古女王范儿

*Step 01*

　　确保脸部滋润，用隔离霜打底。选择适合肤色的粉底液，均匀涂抹于面部，再用粉扑蘸取适量散粉定妆。

*Step 02*

　　用指腹蘸取珠光暖褐色眼影，均匀涂满整个上眼睑，以起到提亮的作用。

*Step 03*

　　用圆头眼影刷将暖褐色的眼影晕染开，做出渐层感，注意高度不要超过眼窝。

*Step 04*

　　用小号眼影刷蘸取咖啡色眼影，在眼尾贴近睫毛根部的位置仔细涂抹，让眼影层次更加丰富。

*Step 05*

　　用黑色眼线液描绘出上眼线，并将眼线尾部稍微拉长。

*Step 06*

　　用小号眼影刷蘸取浅咖啡色眼影，在下眼睑做晕染，使上下眼影衔接自然。

*Step 07*

用睫毛夹将睫毛夹卷后，选取中度自然型假睫毛，然后紧挨睫毛根部进行粘贴。

*Step 08*

用睫毛膏仔细刷出下睫毛，涂刷时需仔细，确保将每根睫毛都照顾到位，且使其根根分明。

*Step 09*

选取合适颜色的眉笔，先将眉底线加深，然后从眉头开始沿着眉毛生长的方向描绘眉毛，描绘时要注意眉毛的长度与脸形、眼形的关系。

*Step 10*

用腮红刷蘸取适量珠光淡粉系腮红，均匀涂抹于左右两边的苹果肌位置。

*Step 11*

先用遮瑕膏遮盖唇部周围的瑕疵，然后用深红色唇线笔描绘出唇线，以确定唇形。

*Step 12*

选取复古暗红色唇膏，均匀涂抹于唇线内，涂抹时可重复2~3次，让唇膏更显色。涂抹后要确保唇线干净流畅，唇色饱满自然。

## 妖媚Party女神

说到Party女郎，她们自信漂亮，迷离诱惑，充满青春感与神秘感，同时习惯于竭尽全力地诠释着自己个性张扬的生活态度。

*Step 01*

确保脸部滋润，用隔离霜打底。选择适合肤色的粉底液，均匀涂抹于面部，再用粉扑蘸取适量散粉定妆。

*Step 02*

用海绵眼影棒蘸取珠光银灰色眼影膏，均匀涂满整个上眼睑，以起到提亮作用。

*Step 03*

用海绵眼影棒蘸取银色钻石眼影粉，均匀覆盖在眼影膏上面。覆盖晕染时可重复2~3次，让闪粉更加浓重。

*Step 04*

用圆头眼影刷蘸取咖啡色眼影粉，在后眼窝处晕开，增加眼部立体感。

*Step 05*

用眼线液沿着上眼睑睫毛根部仔细描画，并在眼尾处稍稍拉长。

*Step 06*

继续用黑色眼线液描绘出下眼线，描画时要确保线条自然流畅，并且将睫毛间的空隙填满，避免露白。

### Step 07

　　用小号眼影刷蘸取深咖啡色眼影，涂抹于下眼睑。再用小号眼影刷蘸取珠光白色眼影，提亮眼头，使眼部立体感更强。

### Step 08

　　用睫毛夹将睫毛夹卷后，选取浓密型假睫毛，紧挨睫毛根部进行粘贴。用睫毛膏仔细刷出下睫毛，涂刷时需仔细，确保睫毛根根分明。

### Step 09

　　选取合适颜色的眉笔，先将眉底线加深，然后从眉头开始沿着眉毛生长的方向描绘眉毛，描绘时要注意眉毛的长度与脸形、眼形的关系。

### Step 10

　　用阴影刷蘸取适量阴影粉，晕染脸部左右两侧，以修饰脸形。用腮红刷蘸取适量橙色系腮红，均匀涂抹于左右两边的苹果肌位置。

### Step 11

　　将光泽感淡粉色唇膏均匀涂抹于唇部，涂抹时可重复2~3次，让唇膏更显色。要确保唇线干净流畅，唇色饱满自然。

### Step 12

　　检查整个妆面，并做出适当调整。

## 甜蜜女主角

　　在浪漫甜蜜的约会季节里，娇嫩透亮的妆容能够透出一股幸福的甜蜜感，让你犹如电影中的女主角。穿起你心仪的小礼服，梳起简洁的马尾，瞬间便会让你拥有无限的气质与魅力。

**HOW TO** 打造甜蜜女主角

*Step 01*

确保脸部滋润，用隔离霜打底。选择适合肤色的粉底液，均匀涂抹于面部，再用粉扑蘸取适量散粉定妆。

*Step 02*

用指腹蘸取咖啡色钻石眼影，均匀涂抹于上眼睑，起到提亮的作用。用圆头眼影刷蘸取浅咖啡色眼影，晕染眼窝，加强眼部轮廓感。

*Step 03*

用黑色眼线液沿着睫毛根部仔细描画，描画时要确保线条自然流畅，并且将睫毛间的空隙填满，避免露白。

*Step 04*

用睫毛夹将睫毛夹卷后，选取自然型假睫毛，然后紧挨睫毛根部进行粘贴。

*Step 05*

用小号眼影刷蘸取浅咖啡色眼影，在下眼睑均匀涂抹晕染，做出下眼影的渐变感。

*Step 06*

用小号眼影刷蘸取珠光大地色眼影，均匀涂抹于下眼头，起到提亮的作用。

*Step 07*

用睫毛膏仔细刷出下睫毛，涂刷时需仔细，确保将每根睫毛都照顾到位，且使其根根分明。

*Step 08*

选取合适颜色的眉笔，先将眉底线加深，然后从眉头开始沿着眉毛生长的方向描绘眉毛，描绘时要注意眉毛的长度与脸形、眼形的关系。

*Step 09*

用阴影刷蘸取适量阴影粉，在脸颊的两边刷上阴影，以修饰脸形。

*Step 10*

用腮红刷蘸取适量粉色系腮红，均匀涂抹于左右两边的苹果肌位置。

*Step 11*

选取嫩粉色唇膏，均匀涂抹于唇部，涂抹时可重复2~3次，让唇膏更显色。要确保唇线干净流畅，唇色饱满自然。

*Step 12*

检查整个妆面，并做出适当调整。

## ⬤◐○ 挚爱假期

　　借着随性情怀，来一次说走就走的海边旅行。完美的紫色眼妆，搭配惹眼的花样头饰，着一身飘逸靓丽的长裙。或光着脚丫漫步在沙滩上，或躺在礁石上，让粉红浪漫的双颊与阳光来个蜜吻，尽情释放来自都市快节奏生活的压力，度过一个浪漫愉悦的假期。

打造挚爱假期妆容

### Step 01

　　确保脸部滋润，用隔离霜打底。选择适合肤色的粉底液，均匀涂抹于面部，再用粉扑蘸取适量散粉定妆。

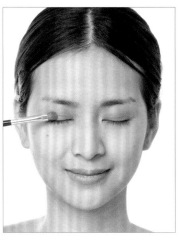

### Step 02

　　用眼影刷蘸取粉紫色眼影，均匀涂抹于上眼睑，做出渐层感。

### Step 03

　　用眼影刷蘸取粉蓝色眼影，在眼头处均匀涂抹晕染，增加眼影的渐变感。

### Step 04

　　用黑色眼线液沿着睫毛根部仔细描画，描画时要确保线条自然流畅，并且将睫毛间的空隙填满，避免露白。

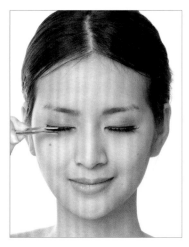

### Step 05

　　用睫毛夹将睫毛夹卷后，选取自然型假睫毛，紧挨睫毛根部进行粘贴。

*Step 06*

用小号眼影刷蘸取粉紫色眼影，在下眼睑处均匀涂抹晕染，做出下眼影的渐变感。

*Step 07*

用睫毛膏仔细刷出下睫毛，涂刷时需仔细，要确保将每根睫毛都照顾到位，且使其呈现出根根分明的效果。

*Step 08*

选取合适颜色的眉笔，先将眉底线加深，然后从眉头开始沿着眉毛生长的方向仔细描绘眉毛，描绘时要注意眉毛的长度与脸形、眼形的关系。

*Step 09*

用阴影刷蘸取适量阴影粉，在脸部的左右两侧适当晕染，以修饰脸形。然后用腮红刷蘸取适量嫩粉色腮红，均匀涂抹于左右两边的苹果肌位置。

*Step 10*

保持唇部滋润，选取淡粉色唇膏，均匀涂抹于唇部，涂抹时可重复2~3次，让唇膏更显色。要确保唇线干净流畅，唇色饱满自然。

*Step 11*

检查整个妆面，并做出适当调整。

## ●●○ 迷离小电眼

　　气质独特的迷离小电眼，向来是个性女生所追求的。百搭的灰黑色小烟熏眼妆，魔法般地赐予了小电眼神奇的眼妆效果，为你带来一份专属的美丽。

## HOW TO ❯ 打造迷离小电眼

*Step 01*

确保脸部滋润，用隔离霜打底。选择适合肤色的粉底液，均匀涂抹于面部，再用粉扑蘸取适量散粉定妆。

*Step 02*

用眼影刷蘸取珠光灰黑色眼影，均匀涂抹于上眼睑，起到提亮的作用。

*Step 03*

用圆头眼影刷蘸取银灰色眼影，在上眼睑处涂抹晕染，增加眼影整体的渐变感。

*Step 04*

用黑色眼线液沿着睫毛根部仔细描画，描画时要确保线条自然流畅，并且将睫毛间的空隙填满，避免露白。

*Step 05*

用黑色眼线笔仔细描绘出下眼线，描绘时需仔细，且保持线条自然流畅。

*Step 06*

用小号眼影刷蘸取黑色眼影，在下眼睑处均匀涂抹晕染，做出下眼影的渐变感。

*Step 07*

用睫毛夹将睫毛夹卷后，选取浓密型假睫毛，紧挨睫毛根部进行粘贴。

*Step 08*

选取棕色的眉笔，先将眉底线加深，然后从眉头开始沿着眉毛生长的方向仔细描绘眉毛，描绘时要注意眉毛长度与脸形、眼形的关系。

*Step 09*

用阴影刷蘸取适量阴影粉，在脸部的左右两侧适当晕染，以修饰脸形。

*Step 10*

用腮红刷蘸取适量珊瑚色系腮红，均匀涂抹于左右两边的苹果肌位置。

*Step 11*

保持唇部滋润，选取裸色唇膏，均匀涂抹于唇部，涂抹时可重复2~3次，让唇膏更显色。要确保唇线干净流畅，唇色饱满自然。

*Step 12*

检查整个妆面，并做出适当调整。

# 恋上初夏

送走大地色系的冬天，迎来冰淇淋般的夏天。清新的妆容，缤纷的花环，糖果色的夏装，完美的色彩巡礼，带来轻盈缤纷的初夏感觉。清新女神呼之欲出，美艳指数飙升，为夏日平添一抹清凉。

## 打造恋上初夏妆容

*Step 01*

确保脸部滋润，用隔离霜打底。选择适合肤色的粉底液，均匀涂抹于面部，再用粉扑蘸取适量散粉定妆。

*Step 02*

用指腹蘸取珠光大地色眼影，涂抹整个上眼睑，做出渐变效果。

*Step 03*

用圆头眼影刷蘸取浅咖啡色眼影，均匀晕染在上眼睑，增加眼窝轮廓感。

*Step 04*

用海绵化妆刷蘸取闪亮眼影粉，按压在上眼睑中间位置，令眼妆更加具有光泽感。

*Step 05*

用黑色眼线液沿着睫毛根部仔细描画，描画时要确保线条自然流畅，并且将睫毛间的空隙填满，避免露白。

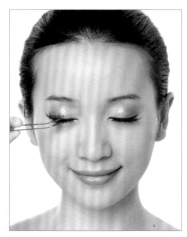

*Step 06*

用睫毛夹将睫毛夹翘，然后贴上自然型假睫毛。

*Step 07*

用黑色睫毛膏刷出自然的下睫毛，并使其根根分明。

*Step 08*

选取合适颜色的眉笔，先将眉底线加深，然后从眉头开始沿着眉毛生长的方向仔细描绘眉毛，描绘时要注意眉毛的长度与脸形、眼形的关系。

*Step 09*

用阴影刷蘸取适量阴影粉，在脸颊左右两侧均匀晕染，并适当过渡亮部，以增加脸部立体感。

*Step 10*

用腮红刷蘸取适量粉色系腮红，均匀涂抹于左右两边的苹果肌位置，确保颜色通透自然。

*Step 11*

保持唇部滋润，用粉红色唇彩均匀涂抹于唇部。可重复2~3次，确保唇色饱和自然。

*Step 12*

检查整个妆面是否干净完整，并做适当调整。

## 情迷复古风

　　20世纪70年代，牛仔装风靡全球。嬉皮风中充斥着花哨元素，复古头箍搭配俏皮牛仔，别具一番风情。如果再配上猫眼式小烟熏眼妆，让活泼感和自由感爆发，便会显得复古俏皮又不失时尚。

**HOW TO** 打造情迷复古风

*Step 01*

　　确保脸部滋润，用隔离霜打底。选择适合肤色的粉底液，均匀涂抹于面部，再用粉扑蘸取适量散粉定妆。

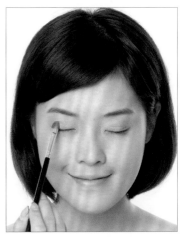

*Step 02*

　　用眼影刷蘸取紫灰色眼影，涂满整个上眼睑，起到打底的作用。

*Step 03*

　　用小号眼影刷蘸取灰黑色眼影，然后紧挨睫毛根部做出适当晕染，并轻轻拉长眼尾。

*Step 04*

　　正视前方，确认眼尾拉长的长度，并做出适当晕染，使上下眼尾自然衔接。

*Step 05*

　　用小号眼影刷蘸取银色眼影，涂抹于眼头，起到提亮的作用。

*Step 06*

用黑色眼线液沿着睫毛根部仔细描画，描画时要确保线条自然流畅，并且将睫毛间的空隙填满，避免露白。

*Step 07*

用睫毛夹将睫毛夹翘，然后贴上自然拉长型假睫毛，并做出适当调整，使真假睫毛自然融合。

*Step 08*

选择合适颜色的眉笔，先将眉底线加深，然后从眉头开始沿着眉毛生长的方向描绘眉毛，描绘时要注意眉毛的长度与脸形、眼形的关系。

*Step 09*

用腮红刷蘸取适量粉色系腮红，均匀涂抹于左右两边的苹果肌位置，同时要确保颜色通透自然。

*Step 10*

用唇刷蘸取适量裸粉色唇膏，均匀涂抹于唇部。可重复2~3次，让颜色更加饱和。

*Step 11*

检查整个妆面是否干净完整，并做出适当修整。

# 职业贵族

目前，化妆已经成为职场中的一种礼仪。职场中的女性在繁忙的工作中也不忘精心装扮自己，精致完美的妆容让她们在工作中更有动力和信心，也为形形色色的职场增添了一抹春色。

## 冷艳女高层

在你的工作场所里有没有让你听到其脚步声就肃然起敬的人？她既优雅又高冷，既严肃又不拘一格，身着一件有格调的外套，脚踩一双得体的高跟鞋，以充满智慧的眼妆配上烈焰红唇，在职场中脱颖而出。

打造冷艳女高层

*Step 01*

确保脸部滋润，用隔离霜打底。选择适合肤色的粉底液，均匀涂抹于面部，再用粉扑蘸取适量散粉定妆。

*Step 02*

用眼影刷蘸取金咖啡色眼影，均匀涂满整个上眼睑，做出渐变感。用圆头眼影刷蘸取深咖啡色眼影，晕染眼窝，增加眼部立体感。

*Step 03*

用眼影刷蘸取珠光白色眼影，在眼头处涂抹晕染，做出眼影高光效果。

*Step 04*

用黑色眼线液沿着睫毛根部仔细描画，描画时要确保线条自然流畅，并且将睫毛间的空隙填满，避免露白。

*Step 05*

用睫毛夹将睫毛夹卷后，选取自然型假睫毛，然后紧挨睫毛根部进行粘贴。

*Step 06*

用小号眼影刷蘸取浅咖啡色眼影，在下眼睑处做适当晕染。用睫毛膏仔细刷出下睫毛，涂刷时需仔细，确保睫毛根根分明。

*Step 07*

选取合适颜色的眉笔，先将眉底线加深，然后从眉头开始沿着眉毛生长的方向描绘眉毛，描绘时要注意眉毛的长度与脸形、眼形的关系。

*Step 08*

用阴影刷蘸取适量阴影粉，在脸颊左右两边晕染阴影，以修饰脸形。

*Step 09*

用腮红刷蘸取适量珊瑚色系腮红，均匀涂抹在左右两边的苹果肌位置。

*Step 10*

先用遮瑕膏遮盖唇色，然后用暗红色唇线笔描绘出唇形。

*Step 11*

选取暗红色唇膏，均匀涂抹至唇线内，涂抹时可重复2~3次，让唇膏更显色。要确保唇线干净流畅，唇色饱满自然。

*Step 12*

检查整个妆面，并做出适当调整。

## 办公室小清新

办公室里永远不乏天真纯朴的女生，她们虽然都不崇尚华丽抢眼，但会给人一种回归自然、充满活力的感觉，这种女生就是我们眼中的"小清新"。"小清新"妆容只需轻画眼妆，薄施蜜桃腮红，再配上简单的水润饱满唇妆，便会极其可爱动人。

打造办公室小清新

*Step 01*

　　确保脸部滋润，用隔离霜打底。选择适合肤色的粉底液，均匀涂抹于面部，再用粉扑蘸取适量散粉定妆。

*Step 02*

　　用眼影刷蘸取珠光大地色眼影，均匀涂抹于上眼睑，做出渐变感。

*Step 03*

　　用圆头眼影刷蘸取浅咖啡色眼影，晕染在眼窝处，以加深其轮廓感。

*Step 04*

　　用黑色眼线液沿着睫毛根部仔细描画，描画时要确保线条自然流畅，并且将睫毛间的空隙填满，避免露白。

*Step 05*

　　用小号眼影刷蘸取浅咖啡色眼影，在下眼睑均匀涂抹，做出下眼影的渐变感。

*Step 06*

　　用睫毛夹将睫毛夹卷，使其呈现出完美的弧度。

*Step 07*

　　用睫毛膏仔细刷出浓密自然的上睫毛，涂刷时需仔细，确保将每根睫毛都涂刷到位，且使其根根分明。

*Step 08*

　　用睫毛膏刷出根根分明的下睫毛，同样确保其自然分明。

*Step 09*

　　选取合适颜色的眉笔，先将眉底线加深，然后从眉头开始沿着眉毛生长的方向描绘眉毛，描绘时要注意眉毛的长度与脸形、眼形的关系。

*Step 10*

　　用腮红刷蘸取适量粉红系腮红，均匀涂抹在左右两边的苹果肌位置。

*Step 11*

　　用淡粉色的光泽感唇彩均匀涂抹于唇部，涂抹时可重复2~3次，让唇彩更显色。要确保唇线干净流畅，唇色饱满自然。

*Step 12*

　　检查整个妆面，并做出适当调整。

# 白领俏佳人

"白领"代表着一种摩登的都市文化，象征着女性时尚大方、干练大气又恬静闲适的形象。

打造白领俏佳人

*Step 01*

确保脸部滋润，用隔离霜打底。选择适合肤色的粉底液，均匀涂抹于面部，再用粉扑蘸取适量散粉定妆。

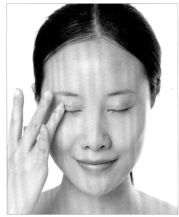

*Step 02*

用指腹蘸取珠光裸色眼影，均匀涂抹在上眼睑，做出渐变感。

*Step 03*

用眼影刷蘸取浅咖啡色眼影，在眼尾1/3处均匀晕染，然后用珠光裸色眼影配合晕染，让眼睛看起来不显肿。

*Step 04*

用眼影刷蘸取浅咖啡色眼影，晕染眼窝。用小号眼影刷蘸取少量深咖啡色眼影，在眼尾处做局部晕染，增加眼部立体感。

*Step 05*

用小号眼影刷蘸取浅咖啡色眼影，然后在下眼睑均匀晕染，做出下眼影的渐变感。

*Step 06*

用小号眼影刷蘸取珠光裸色眼影，在下眼头位置均匀涂抹，做出眼妆的闪亮效果。

174

*Step 07*

用黑色眼线液沿着睫毛根部仔细描画，描画时要确保线条自然流畅，并且将睫毛间的空隙填满，避免露白。

*Step 08*

用睫毛夹将睫毛夹卷后，选取自然型假睫毛，紧挨睫毛根部粘贴。用黑色睫毛膏刷出下睫毛，涂刷时需仔细，确保睫毛根根分明。

*Step 09*

选取合适颜色的眉笔，先将眉底线加深，然后从眉头开始沿着眉毛生长的方向描绘眉毛，描绘时注意眉毛的长度与脸形、眼形的关系。

*Step 10*

用腮红刷蘸取适量蜜桃系腮红，均匀地涂抹在左右两边的苹果肌处。

*Step 11*

将自然粉色光泽感唇膏涂抹于唇部，涂抹时可重复2~3次，让唇膏更显色。要确保唇线干净流畅，唇色饱满自然。

*Step 12*

检查整个妆面，并做出适当调整。

# 灵感SOHO族

SOHO族是集个性、才华等特点于一身的自由工作者。在工作中，他们可以无拘无束地展现自我的创意和灵感，享受着自由工作的快乐。

**HOW TO** 打造灵感SOHO族

*Step 01*

确保脸部滋润，用隔离霜打底。选择适合肤色的粉底液，均匀涂抹于面部，再用粉扑蘸取适量散粉定妆。

*Step 02*

用眼影刷蘸取珠光咖啡色眼影，然后均匀涂抹在上眼睑，做出渐变感。

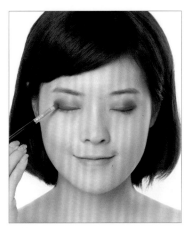

*Step 03*

用眼影刷蘸取深褐色眼影，在眼尾靠近睫毛根部涂抹，令眼影看起来更加有层次感。

*Step 04*

正视前方，用小号眼影刷蘸取同色眼影，在左右眼尾处做小范围晕染，以确定眼尾长度并收尾。

*Step 05*

描画上眼线。轻轻提拉右眼眼皮，用黑色眼线液紧贴睫毛根部仔细描画，注意睫毛缝隙处需全部填满，避免留白。然后将眼睛自然闭上，从眼头开始描画至眼尾，要保持线条自然流畅。左眼以同样的方式处理。

*Step 06*

用睫毛夹将睫毛夹翘，然后选择自然型假睫毛，紧挨睫毛根部粘贴。粘贴后用镊子调整其弧度，让真假睫毛自然融合。

*Step 07*

用咖啡色睫毛膏刷出下睫毛，确保其根根分明。

*Step 08*

选择合适颜色的眉笔，先将眉底线加深，然后从眉头开始沿着眉毛生长的方向仔细描绘眉毛，描绘时要注意眉毛的长度与脸形、眼形的关系。

*Step 09*

用腮红刷蘸取适量橘色系腮红，均匀涂抹于左右两边的苹果肌位置，注意颜色要自然柔和。

*Step 10*

保持唇部滋润，用粉橘色唇膏均匀涂抹于唇部。要确保唇部颜色饱和自然，唇线边缘光滑流畅。

*Step 11*

检查整个妆面，并做出适当调整。

# 08

## 妆点大爆炸

年代复古
怀旧波普
Cat Eyes
铿锵蕾丝
遇见彩虹
天与地
Gloss Eyes

# 年代复古

　　芳华绝代，永恒经典。复古是一种元素，每个地区、每个年代都用它们特有的妆容风格诠释着它们的存在。

　　怀旧是一种态度，更是一种情怀。圆润的性感红唇，上扬的妩媚眼线，深邃的眼部轮廓，高挑的弓形眉毛，层次丰富的手推波纹，带有浓郁的年代感，极其妩媚性感。代表人物玛丽莲·梦露，她的标志性妆容影响着世人，成为了永恒的经典。

　　打造此类妆容时，唇部要保持丰满圆润，眼线要利落，且清晰流畅；眼影需用咖啡色眼影塑造出深邃的眼窝轮廓感，凸显出欧美女神般的魅惑复古双眼。

# ● ● ● 怀旧波普

　　充满夸张元素与丰富想象力的波普风，是年轻活力的代名词，其跳跃的艺术风格，让人犹如置身于充满年代印记的光辉岁月，波普绝对能重燃怀旧的激情。

# ●●● Cat Eyes

一直以来，常有人喜欢用猫来比拟女人。或孤傲，或忧郁，或灵动……猫眼女郎犹如会读心术的神秘晶体，眼神犀利而笃定，即便与她擦肩而过也会让你深深回味一番。

# 铿锵蕾丝

飞舞的蕾丝从妖媚的眼线一直延伸至发际,柔美流畅的纹路充满渐变感,尽情地释放着女性之美。黑色蕾丝眼妆让人印象深刻,在聚光灯的照耀下,更显神秘与华丽!

此造型利用喷枪化妆的技术手法设计出蕾丝纹路,给人华丽、唯美和高贵的视觉享受。与此同时,利用黑色概念去表达蕾丝主题,纯黑色的唇妆,搭配蕾丝的创意睫毛,令整体造型多了一种神秘感,让人气场强大又不失冷艳。

## 遇见彩虹

相信美好的人和事总会围绕在身边，只要你用心观察和体会，就会发现雨后彩虹的美丽和灿烂。

此造型选用了5支荧光色系的颜料粉，以喷洒的方式去表达彩虹般的色彩，随意的颜色分布让整体造型看起来更具想象力与自然感。

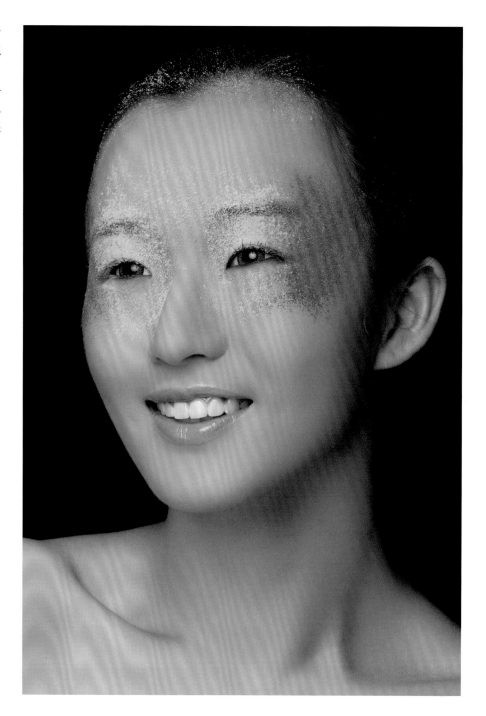

# 天与地

如今，"空气污染"这个话题已成为了一个耐人寻味且引人深思的问题。

此造型的色彩主要以蓝色、银白色为主。蓝色代表着蓝天，银白色代表着白云，而造型中的黑色元素则代表着污染物。这里运用了欧美流行元素Dirty Eyes，表达了曾经美丽的大自然目前已被污染物慢慢侵蚀，呼吁人们要保护大自然，保护我们的地球。

# Gloss Eyes

Gloss Eyes元素妆容，是欧美秀场中的标志性眼妆，它是潮流时尚的代名词。

此种眼妆采用液体质感的颜料打造而成，具有质感剔透的效果，犹如给人蒙上一层神秘又唯美的面纱。在光线的折射下，眼妆散发出无限的光芒，也给我们带来无限的遐想。